ATLAS DER
EXPERIMENTELLEN KANINCHENSYPHILIS

HERAUSGEGEBEN VON

GEHEIMEM REG.-RAT PROF. DR. MED. P. UHLENHUTH

ORD. PROFESSOR DER HYGIENE UND DIREKTOR DES INSTITUTS FÜR HYGIENE UND BAKTERIOLOGIE
DER UNIVERSITÄT IN STRASSBURG i. E.

UND

PRIVATDOZENT DR. MED. P. MULZER

OBERARZT DER KLINIK FÜR SYPHILITISCHE UND HAUTKRANKHEITEN
DER UNIVERSITÄT IN STRASSBURG i. E.

MIT 39 TAFELN

SPRINGER-VERLAG BERLIN HEIDELBERG GMBH
1914

ISBN 978-3-642-89408-4   ISBN 978-3-642-91264-1(eBook)
DOI 10.1007/978-3-642-91264-1

Softcover reprint of the hardcover 1st edition 1914

HERRN GEHEIMEN KOMMERZIENRAT

DR. JUR. ET MED. EDUARD SIMON

IN BERLIN

ZUGEEIGNET

VORWORT.

Vorliegender Atlas ist im wesentlichen eine bildliche Darstellung unserer Forschungsergebnisse auf dem Gebiete der experimentellen Syphilis, — insonderheit der Kaninchensyphilis —, die wir bei unseren Arbeiten teils photographisch und teils durch farbige Zeichnungen nach der Natur festhalten liessen. Obwohl wir schon an anderen Stellen, vor allem in einem jüngst in den Arbeiten aus dem Kaiserlichen Gesundheitsamte — Bd. XLIV, Heft 3, 1913 — erschienenen umfassenden Bericht unsere gesamten bisherigen Studien auf diesem Gebiete unter Beigabe von Abbildungen einiger besonders typischer Krankheitsprodukte bekannt gegeben haben, hielten wir es doch für angezeigt, sämtliche uns zur Verfügung stehenden bildlichen Darstellungen der von uns erzielten syphilitischen Krankheitsprodukte in Form eines Atlas noch einmal übersichtlich zusammen zu stellen. Sind wir doch in der Lage, ein, wie wir glauben, lückenloses Bild der experimentellen Kaninchensyphilis zu entwerfen, die mit ihren lokalen und allgemeinen Erscheinungen, in ihrem klinischen Verlauf und histo-pathologischen Veränderungen eine auffallende Ähnlichkeit mit der menschlichen Syphilis hat.

Durch die vorliegenden Bilder wird aber auch der eklatante, sichtbare Beweis dafür erbracht, dass das Kaninchen entgegen früherer Annahme ein für die Syphilis hochempfängliches, ausserordentlich brauchbares Versuchstier darstellt. Das gilt aber nur, wenn man bei der Impfung eine bestimmte Technik und Methodik einhält. Wir haben uns daher bemüht, auch diese, so wie sie sich uns als geeignet erwiesen hat, durch Bilder eingehend zu erläutern, so dass jeder Forscher in der Lage sein wird, sie anzuwenden und ähnliche Impfergebnisse zu erzielen.

Der Nachweis der überraschenden Empfänglichkeit des Kaninchens für die Syphilis erscheint uns für den weiteren Ausbau der Syphilisforschung ausserordentlich bedeutsam. Da man nicht mehr auf den teuren, empfindlichen und kurzlebigen Affen als Versuchstier angewiesen ist, können sich auch Arbeitsstätten mit bescheideneren Mitteln an der experimentellen Syphilisforschung beteiligen.

Wir selbst haben auch gleich die praktische Nutzanwendung aus dieser Tatsache gezogen. So konnte von uns unter anderem die Infektiosität von mikroskopisch spirochätenfreiem Samen von Milch, Rückenmarkflüssigkeit und Blut syphilitischer Menschen und von Gehirn paralytischer Individuen durch derartige Kaninchenimpfungen festgestellt werden. Wenn auch die nach Verimpfung derartigen Materials entstehenden Hodenveränderungen zum Teil weniger ausgeprägt waren, wie die nach Impfung mit hochvirulentem Kaninchen-Passagevirus auftretenden Krankheitsprodukte, so konnte doch in diesen eine grosse Menge von Spirochäten nachgewiesen und somit der Beweis ihrer syphilitischen Natur erbracht werden. Es konnte von uns ferner experimentell gezeigt werden, dass die Spirochaeta pallida die Plazenta passieren und die

Syphilis auf die Jungen übertragen werden kann. Auch viele andere sehr
wichtige Fragen auf dem Gebiete der Immunität und Pathogenese der
Syphilis konnten am Kaninchen systematisch bearbeitet werden.

Noch in anderer Richtung hat aber sich die experimentelle Kaninchensyphilis als höchst wertvoll erwiesen. Konnte doch von Uhlenhuth und
seinen Mitarbeitern an diesen Tieren zum ersten Male die Wirkung der
organischen Arsenpräparate insonderheit des Atoxyls festgestellt und damit
eine experimentelle Grundlage für die moderne Arsentherapie der menschlichen
Syphilis gegeben werden. Eine grosse Reihe anderer Fragen harrt aber noch
der Lösung. Hoffen wir, dass die Betrachtung der vorliegenden Abbildungen
dazu beitragen wird, die experimentelle Syphilisforschung zu fördern und zu
beleben, damit weitere für die Wissenschaft und die leidende Menschheit
wertvolle Ergebnisse gezeitigt werden!

Wir haben diesen Atlas dem Geh. Kommerzienrat Herrn Dr. jur. et
med. Eduard Simon in Berlin gewidmet. Wir beabsichtigen damit, wenn
auch nur in bescheidener Weise, eine Dankesschuld abzutragen, die diesem
um die Förderung der Syphilisforschung so hochverdienten Manne gebührt.
Wurde doch durch reichliche Geldmittel, die er uns in hochherziger Weise
zur Verfügung stellte, die Fortführung unserer im Kaiserlichen Gesundheitsamte begonnenen experimentellen Syphilisarbeiten in Strassburg ermög-
licht. In ebenso dankenswerter Weise hat das Reichsamt des Innern
in Berlin, sowie die Cunitzstiftung in Strassburg weitere Mittel zur
Fortsetzung unserer Arbeiten gewährt.

Besonderer Dank gebührt auch dem Unterelsässischen Ärzte-
verein, der mit einer namhaften Summe zu den beträchtlichen Her-
stellungskosten des vorliegenden Werkes beigetragen hat.

Vor allem ist es uns eine angenehme Pflicht, dem Präsidenten des Kaiser-
lichen Gesundheitsamtes in Berlin, Herrn Wirkl. Geh. Ober-Reg.-Rat
Dr. Bumm an dieser Stelle unseren Dank dafür auszusprechen, dass er die
Durchführung unserer Arbeiten im Kaiserlichen Gesundheitsamt in jeder
Weise unterstützt und uns gestattet hat, die zahlreichen dort angefertigten
Photographien und Abbildungen in diesem Atlas zu reproduzieren.

Auch der künstlerischen Wiedergabe der Krankheitsprodukte durch den
Tiermaler Herrn Landsberg, der gelungenen photographischen Aufnahmen
durch den Präparator im Kaiserlichen Gesundheitsamt Herrn Ambrosat,
sowie der Mitarbeit der Herren Prosektor Dr. Max Koch und Privatdozent
Dr. Steiner und nicht zum wenigsten der Rührigkeit und dem Entgegen-
kommen der ausgezeichneten Verlagsfirma Julius Springer in Berlin, müssen
und wollen wir hier gern gedenken und unseren verbindlichsten Dank zum
Ausdruck bringen.

Strassburg, im Dezember 1913.

Die Herausgeber
Uhlenhuth und **Mulzer.**

INHALTS-VERZEICHNIS.

I. Experimentelle Übertragung der Syphilis auf das Kaninchenauge.

Das Virus, mit dem unsere Untersuchungen ausgeführt worden sind, stammt von Bertarelli-Turin. Es war von E. Hoffmann dem Kaiserlichen Gesundheitsamte übergeben und bereits von E. Hoffmann, Uhlenhuth und Weidanz bis zur 17. Passage fortgeführt worden.

Was die Impftechnik betrifft, so wählten wir ausschließlich die intraokulare Impfmethode, bzw. die Impfung in die vordere Kammer, die sich nach E. Hoffmann folgendermaßen gestaltet: Das Versuchskaninchen wird vom Diener auf den Schoß genommen und so in die Schürze oder in ein Tuch eingeschlagen, daß die Extremitäten festgehalten werden. Der Kopf des Tieres wird etwas zur Seite geneigt und dann werden in den Konjunktivalsack des unteren Lides 2—3 Tropfen einer möglichst frisch bereiteten 5 %igen Kokainlösung mittels einer Augenpipette eingeträufelt. Es empfiehlt sich, hierbei das untere Lid etwas vom Auge abzuziehen und nach dem Einträufeln die Lider einige Minuten zuzuhalten, damit möglichst viel Kokain mit der ganzen Bindehaut in Berührung kommt. Sind alle Tiere in dieser Weise kokainisiert, so wiederholt man diese Prozedur noch einmal und beginnt dann erst mit der Impfung. Nachdem man mit körperwarmer physiologischer Kochsalzlösung die Kornea abgespült hat, zieht man bei möglichster Horizontallagerung des Kopfes das obere Lid mit dem Finger etwas ab und fixiert den Bulbus durch Einklemmen einer schieberartigen Augenpinzette in die Cornea oberhalb des Limbus. Durch einen mittels eines scharfen rautenartigen Augenmessers am Limbus vorgenommenen Einschnittes eröffnet man nun die vordere Augenkammer, läßt das Kammerwasser ablaufen und führt vorsichtig mit einer feinen Pinzette ein kleines Stückchen des zu verimpfenden Materials in die vordere Kammer zwischen Iris und Kornea ein. Es ist vorteilhaft, das Impfstück möglichst weit nach der Pupille zu vorzuschieben, um ein Herausgleiten des Materials aus der Einstichöffnung zu vermeiden.

Als Impfmaterial haben wir fast regelmäßig tierisches, d. h. von Tier zu Tier in Passagen fortgezüchtetes Virus benutzt, und zwar in der ersten Zeit das Hornhautpassagenvirus, das von Bertarelli-Hoffmann stammte. Später haben wir auch Hodensyphilome intraokular verimpft.

Um das Impfmaterial zu gewinnen, wurden klinisch sicher luetisch erkrankte Augen von Kaninchen enukleiert und die Kornea exzidiert. Durch

Untersuchung von Abstrichen von den erkrankten Partieen überzeugten wir uns stets, ob lebende Spirochäten nachweisbar waren. Wir haben ausnahmslos nur spirochätenhaltiges Impfmaterial bei unseren Übertragungsversuchen verwendet.

Unmittelbar nach der Impfung treten an den geimpften Augen mehr oder weniger heftige Entzündungsvorgänge auf. Diese durch das Trauma bedingte Reaktion klingt aber, wenn keine Vereiterung des ganzen Auges eintritt, nach 5—10 Tagen vollkommen ab. Das Auge erscheint dann wieder klar, die Kornea spiegelglatt und das Stückchen ist unter Bildung einer Narbe an der Einstichstelle reaktionslos eingeheilt.

Die Inkubationsdauer beträgt durchschnittlich 3—6 Wochen. Doch ist sie sehr wechselnd, besonders bei Passagenimpfungen kann sie verkürzt sein, wie insbesondere unsere Untersuchungen zeigen. Sie kann aber auch abnorm verlängert werden; von einigen Autoren wurden solche von 60—70, ja einmal sogar von 150 Tagen beobachtet.

Als erste Erscheinung der beginnenden syphilitischen Hornhauterkrankung zeigte sich bei unseren Untersuchungen eine leichte perikorneale Injektion an der Impfstelle, die in den nächsten Tagen an Intensität zunahm. Mitunter schwoll gleichzeitig die Iris an, erschien leicht verfärbt und zeigte hin und wieder radiäre Fältelung. Als erste Symptome einer syphilitischen Augenerkrankung möchten wir aber diese entzündlichen Veränderungen der Iris im Gegensatz zu anderen Autoren nicht so unbedingt hinstellen. Außerordentlich charakteristisch und regelmäßig ist jedoch die perikorneale Injektion, die, nach einer entsprechenden Inkubationszeit auftretend, mit fast absoluter Sicherheit eine nachfolgende syphilitische Erkrankung dieses Auges anzeigt.

Kurze Zeit nach dem Auftreten der perikornealen Injektion beginnt die Hornhaut an der Einstichstelle leicht hauchförmig sich zu trüben (beginnende Keratitis). Gleichzeitig schieben sich vom Limbus aus besenreisartig sich verästelnde Gefäße vor, die an Zahl immer mehr zunehmen und schließlich eine kleine leisten- bzw. halbmondförmige Auflagerung auf der Kornea bilden (Pannus), die scharf nach der Pupille zu abschneidet. Dann tritt eine perivaskuläre Entzündung, sowie eine diffuse Trübung und Verdickung der Kornea auf, die sich schließlich über die ganze Hornhaut erstrecken kann.

Hat diese Hornhauterkrankung ihr Höhenstadium, das durchaus nicht immer sehr intensiv zu sein braucht, erreicht, so erfolgt die Rückbildung dieser Erkrankung. Sie dauert in der Regel Wochen, ja Monate. Am längsten hält sich die Trübung im Zentrum der Hornhaut. In vereinzelten Fällen können die Hornhauterscheinungen aber auch sehr schnell spontan wieder verschwinden.

Sowohl im oberflächlichen Geschabe der pannusähnlich erkrankten Stellen als auch der Rückwand der diffuserkrankten Kornea fanden sich stets meist ausserordentlich feine und lange, aber typisch gewundene Spirochaetae pallidae.

<hr>

TAFEL I.

Figur 1. Beginnende Keratitis syphilitica sinistra bei einem Kaninchen nach Impfung mit tierischem Material in die vordere Augenkammer.

Dieses Kaninchen war am 15. Februar 1909 in beide vorderen Augenkammern mit syphilitischem Augenvirus der XIX. Passage geimpft worden. Am 2. April 1909, also nach ca. 6 Wochen, sah man am linken Auge oben (im Bild vom Lid verdeckt) eine nur geringfügige Perikornealinjektion, von der aus einige wenige feine Gefäßchen nach der Mitte der Kornea hinzogen. Schwache diffuse Trübung der letzteren. Das Impfstückchen war vollkommen reaktionslos eingeheilt. Im oberflächlichen Geschabe von der vaskularisierten Stelle fanden sich spärliche, sehr lange, aber typisch gewundene Spirochaetae pallidae.

Figur 2. Typische syphilitische Keratitis dextra bei einem Kaninchen auf dem Höhepunkt der Erkrankung.

Das Tier war am 29. Juni 1909 in beide vorderen Augenkammern mit Virus der XXI. Passage geimpft worden. Sehr spät, am 4. September 1909, also etwa $8\frac{1}{2}$ Wochen nach der Impfung, trat am rechten Auge eine leichte Perikornealinjektion auf; am 25. September 1909 hatte sich vorliegender Augenbefund ausgebildet: Es bestand auf dem rechten Auge oben eine mittelstarke perikorneale Injektion, von der aus einige feinere Gefäße bis etwa in die Mitte der Hornhaut zogen, wo sie sich in feinste büschelartig angeordnete Gefäßchen auflösten, die aber in ihrer Gesamtheit eine schmale, halbmondförmige pannusartige Auflagerung auf der Kornea bildeten, welche scharf nach unten, pupillarwärts, abschnitt. Gleichzeitig war eine bläulichgraue diffuse, leicht gestippte Trübung der gesamten Hornhaut aufgetreten, von der die Pupille ganz verdeckt wurde. Sowohl im oberflächlichen Geschabe von der Kornea als auch im Kammerwasser fanden sich zahlreiche lebende Spirochaetae pallidae (Dunkelfeld).

Figur 3. Rezidivform einer syphilitischen Kaninchenhornhauterkrankung.

Nachdem bei einem Kaninchen nach beiderseitiger intraokularer Impfung mit Virus der XXI. Passage auf beiden Augen je eine typische Keratitis aufgetreten und nach etwa 14 Tagen spontan wieder abgeheilt war, erkrankte etwa einen Monat später das rechte Auge desselben Tieres wiederum in Form einer typischen Keratitis syphilitica, während links unten an der Kornea nur eine zirkumskripte starke, das auf den Boden der vorderen Kammer gesunkene Impfstückchen völlig verdeckende bläulichweiße Trübung ohne Perikornealinjektion und ohne Gefäßneubildung entstand. Im oberflächlichen Gewebe fanden sich spärliche Pallidae.

1*

— 3 —

TAFEL II.

Figur 1. Spirochaeta pallida im Ausstrich eines geschlossenen menschlichen Primäraffektes der Penishaut (Original-[Giemsafärbung, Vergrößerung 1 : 1000] Präparat von E. Hoffmann) (s. Mulzer, Prakt. Anleitung zur Syphilisdiagnose, 2. Aufl. Verlag von Julius Springer, Berlin, 1912).

Zur Verimpfung menschlichen syphilitischen Materials bedienten wir uns in der ersten Zeit unserer Versuche fast ausschließlich des Saugserums aus möglichst frischen und unbehandelten Primäraffekten oder nässenden Papeln. Wir gewannen dieses Material dadurch, daß wir entweder nach den Angaben E. Hoffmanns kleine Klappsche Sauger oder die von Schuberg und Mulzer eigens zu diesem Zwecke konstruierten Saugapparate auf die syphilitische Effloreszenz aufsetzten und längere Zeit saugen ließen. Durch Regulierung des Druckes mittels des auf dem Gummiballen ruhenden Daumens vermieden wir möglichst stärkere Blutungen. Das sich auf der Oberfläche der luetischen Manifestation oder in der Ausbuchtung des Schuberg-Mulzerschen Saugers ansammelnde Serum wurde regelmäßig im Ausstrichpräparat oder im Dunkelfeld auf seinen Gehalt an Spirochaetae pallidae geprüft. Zur Impfung verwandten wir anfangs nur solches Material, das stets mehr oder weniger zahlreiche Pallidae enthielt.

Figur 2. Spirochaetae pallidae im Schnitt eines nach dem Levaditischen Verfahren versilberten Stückchens eines Kaninchenhodensyphiloms (Originalzeichnung).

Dieses Präparat wurde von einer Orchitis syphilitica diffusa angefertigt, die bei einem Kaninchen im nicht geimpften Hoden etwa drei Monate nach Impfung des anderen, ebenfalls syphilitisch erkrankten Hodens auftrat.

II. Verimpfung menschlichen und tierischen syphilitischen Materials in die Hoden von Kaninchen.

TAFEL III.

Figur 1. Spirochaetae pallidae im Saugserum einer nässenden Genitalpapel bei Dunkelfeldbeleuchtung. (Aus Mulzer, Praktische Anleitung zur Syphilisdiagnose, Verlag von Julius Springer, Berlin.)

Die von Landsteiner und Mucha in die Praxis der Untersuchung auf Spirochäten eingeführte Dunkelfeldbeleuchtung verdrängte auch bei uns bald das umständlichere und vor allen Dingen längere Zeit in Anspruch nehmende Giemsasche Färbungsverfahren. Die Untersuchung des jeweiligen Impfmaterials auf Spirochäten mittels der von der Firma Leitz-Berlin hergestellten Platten- oder Einschiebe-Dunkelfeldkondensoren ermöglichten es uns schon vor der Impfung das Material auf seinen Spirochätengehalt zu prüfen und, bei eventuellem negativen Spirochätenbefund, auf eine Verimpfung zu verzichten.

Figur 2. Spirochaetae pallidae im Punktionssafte eines experimentell erzeugten Kaninchenhodensyphiloms bei Dunkelfeldbeleuchtung (Originalpräparat).

Zur Verimpfung von tierischem, syphilitischem Material in die Hoden von Kaninchen verwendeten wir entweder syphilitische Kaninchenkornea oder Hodensyphilome, wie wir sie später häufiger durch Verimpfung menschlichen syphilitischen Materials erzeugen konnten. Auch hier wurde wieder regelmäßig das Impfmaterial auf seinen Spirochätengehalt im Dunkelfeld geprüft. Wir stellten uns sowohl von der zu verimpfenden syphilitischen Keratitis ein frisches Schabepräparat her, als auch untersuchten wir stets den Punktionssaft aus Kaninchenprimäraffekten oder syphilitischen Hodenschwellungen.

Fig. 2 stellt ein derartiges frisches Präparat aus einer diffusen Orchitis syphilitica dar, die etwa zwei Monate nach der Impfung mit Saugserum eines menschlichen Primäraffektes im geimpften Kaninchenhoden aufgetreten war. Das Präparat zeigt gewissermaßen die Reinkultur der Spirochaetae pallitae in vivo.

Figur 3. Ausstrichpräparat von Punktionssaft aus einem Kaninchenhodenprimäraffekt (Originalpräparat; Giemsafärbung, starke Vergrößerung).

Der Primäraffekt, dem dieser Punktionssaft entnommen wurde, trat etwa 10 Wochen nach der Impfung eines Kaninchenhodens mit menschlichem syphilitischen Saugserum von einer Genitalpapel an der Einstichstelle auf. Die Färbung mit Giemsalösung gelang nur durch 48 stündiges Verweilen des Präparates in der wiederholt gewechselten Lösung.

TAFEL IV und IVa.

Technik der Hodenimpfung.

Figur 1. Entnahme von Saugserum aus der Ausbuchtung des Schuberg-Mulzerschen Saugers mittels einer Kapillare.

Das Saugserum, das sich nach längerem Saugen an der Oberfläche syphilitischen Effloreszenzen ausgetreten war, haben wir durch Aspiration in einer Rekordspritze gesammelt und, meist mit etwas physiologischer Kochsalzlösung verdünnt, nach Aufsetzen der Kanüle durch Einstechen in die Hoden von Kaninchen (nach Hoffmann, Löhe und Mulzer) verimpft. Als zu diesem Zwecke geeigneter erwies sich uns aber bald die Gewinnung von Saugserum mittels des Schuberg-Mulzerschen Saugers, in dessen am Glasrande angebrachter Ausbuchtung sich bei richtigem Ansetzen des kleinen Apparates das Saugserum von selbst ansammelt (s. Erklärung zu Tafel II, Fig. 1). Mittels einer Glaskapillare wird es dann von hier aufgezogen und mit dieser direkt und unverdünnt in das zu impfende Organ eingeimpft bzw. eingeblasen.

Figur 2. Füllung eines Troikarts mit Stückchen tierischen syphilitischen Materials.

Das zu verimpfende tierische syphilitische Material wird mittels einer Schere in kleine Stückchen zerschnitten und diese mit Hilfe einer Glaskapillare in das Innere eines Troikarts von der Spitze her eingeschoben.

Figur 3. Lagerung der zu impfenden Kaninchen und Fixierung der Hoden während der Impfung.

Das Kaninchen, dessen Hoden mit syphilitischem Virus geimpft werden soll, wird am besten vom Diener mit dem Rücken flach auf ein Brett oder auf den Tisch gelegt, wobei die Hoden mit einer Hand vom Bauch her in den Hodensack gedrückt werden. Der Operateur fixiert sich dann den zu impfenden Hoden mit der linken Hand und sticht, nach vorheriger Desinfektion der Skrotalhaut mit 70% Alkohol, den in obiger Weise gefüllten Troikart in das Parenchym oder unter die Skrotalhaut dieses Hodens ein.

Figur 4. Implantierung des Impfstückchens in den Hoden mittels des Obturators.

Ist der mit dem Impfstückchen gefüllte Troikart genügend weit in das zu impfende Organ oder unter die Skrotalhaut eingeführt worden, so stößt

man mittels des zu diesem Troikart passenden Obturators das Stückchen aus
dem Troikart heraus in die Hodensubstanz oder unter die Haut, wo es nach
erfolgtem Herausziehen des Instrumentes liegen bleibt.

Klinisches Bild der primären Hodensyphilis der Kaninchen.

Das klinische Bild, unter dem die experimentell erzeugten syphilitischen
Hodenerkrankungen der Kaninchen verlaufen, tritt, wie wir aus unseren zahlreichen Versuchsergebnissen feststellen konnten, in drei Krankheitsformen
in Erscheinung:

1. In Form eines Geschwürs auf der Skrotalhaut, das durchaus
nicht immer an der Einstichstelle lokalisiert ist. Der Hoden und Nebenhoden
ist hier meist vollkommen intakt. Das Geschwür selbst erscheint entweder als flache, uncharakteristische, meist mit einer trockenen
Borke bedeckte Ulzeration oder Erosion und kann dann nur durch
den Nachweis der Spirochaete pallida als syphilitische Erkrankung sicher-
gestellt werden, oder es entspricht mehr oder weniger dem menschlichen Primäraffekt, insbesondere dem an der Vorhaut lokalisierten. Dann
zeichnet es sich aus durch rundliche oder ovale Form mit steilen Rändern
und wallartig verdickter derber Umgebung. In dieser oft sehr breiten
und massigen, derben Indurationszone findet man dann besonders zahlreich
die Spirochaete pallida. Letztere Krankheitsprodukte pflegen in 2—3 Wochen,
meist mit Hinterlassung einer weißlichen strahligen Narbe, abzuheilen, während
erstere, die Erosionen, in der Regel schon nach 5—8 Tagen ohne weiteres
spontan verschwinden.

2. In Form einer chronischen Hodenentzündung bei intakter
Skrotalhaut. Auch hier lassen sich wieder zwei verschiedene Arten der Erkrankung feststellen. Entweder vergrößert sich nach einer mehr oder weniger
langen Inkubationszeit der Hoden und auch in geringem Grade der
Nebenhoden langsam und gleichmäßig oft auf das Doppelte seiner
ursprünglichen Größe, wird mehr rundlich oval, von derber, prall elastischer
Konsistenz und ist nicht mehr durch den Leistenkanal zurückzuschieben —
Orchitis diffusa oder interstitialis syphilitica —, oder es erkrankt
nur ein Teil des Hodens in derselben Weise, der aber dann deutlich gegen das
übrige Hodengewebe abgrenzbar ist — Orchitis circumscripta syphilitica. In dem zähen, fadenziehenden, aber klaren Punktionssaft des so erkrankten Hodenparenchyms finden sich stets massenhaft typische Pallidae.
Meist sind die entsprechenden Lymphdrüsen charakteristisch vergrößert.

3. In Form einer schwieligen Verdickung der Hodenhüllen,
und zwar insbesondere der Tunica vaginalis. Auch hier erkrankt entweder
ein größerer Teil der Tunica, der meist hüllen- oder mantelartig den oft ver-
kleinerten, scheinbar atrophischen Hoden umgibt — Periorchitis diffusa
syphilitica, oder die Tunica ist nur stellenweise in Form mehr oder

weniger breiter dicker Platten verdickt — Periorchitis circumscripta
syphilitica. Dieses derbe schwielenartige Gewebe enthält ebenfalls zahlreiche Pallidae. Die Leistendrüsen sind nur bei ausgedehnteren Erkrankungen
wahrnehmbar vergrößert. Meist ist dann auch der darunter liegende Hoden
in oben beschriebener zirkumskripter Weise beteiligt. Zur Periorchitis circumscripta syphilitica kann man wohl auch isolierte erbsen- oder linsengroße
knötchenartige Verdickungen rechnen, die oft unmittelbar unter der Skrotalhaut fühlbar sind und massenhaft typische Spirochäten enthalten.

TAFEL V.

Figur 1. Primäraffekt auf der Haut des rechten Hodens nach Impfung dieses Organs mit tierischem syphilitischen Virus, an der Einstichstelle lokalisiert.

Kaninchen Nr. 170 erhielt am 17. Dezember 1909 Stückchen syphilitischen Gewebes von Kaninchen 93 (I. Hodenpassage) mittels Troikarts in beide Hoden implantiert. Am 15. März 1910 erschienen beide Hoden normal, aber auf der Skrotalhaut des rechten Hodens fand sich im unteren Drittel ein etwa pfenniggroßes rundliches Geschwür mit wallartig derb verdickten Rändern, das mit einer ziemlich festhaftenden trockenen braungelben Borke bedeckt war. Nach Abheben dieser Borke trat ein schmierig-eitrig belegter Grund zutage. Im Abklatschpräparat von diesem Geschwürsgrund, sowie im Quetschsaft aus den verdickten Rändern fanden sich massenhaft lebhaft bewegliche Spirochäten vom Typus der Pallida. Die Inkubationszeit betrug ca. 12 Wochen. Im Hodengewebe selbst fanden sich keine Spirochäten.

Figur 2. Primäraffekt auf der Haut des rechten Hodens nach Impfung dieses Organs mit tierischem syphilitischen Material, etwa 2 cm von der Einstichstelle entfernt.

Kaninchen 570 war am 6. Dezember 1911 mit Hodenvirus von Kaninchen 450 (X. Passage) in üblicher Weise in beide Hoden geimpft worden. Am 20. Januar 1912 war am rechten unteren Pol des Hodens, etwa 2 cm von der Einstichstelle entfernt, ein ähnliches Geschwür wie bei dem vorher beschriebenen Kaninchen entstanden, nur waren die Ränder hier nicht so stark verdickt. Im Quetschsaft aus der Randpartie fanden sich ebenfalls zahlreiche lebende Pallidae. Die Inkubationszeit betrug etwa 4—5 Wochen. Beide Hoden waren sonst normal und enthielten auch keine Spirochäten.

TAFEL VI.

Figur 1. Erosionartiger Primäraffekt der linken Skrotalhaut eines Kaninchens an der Impfstelle nach Impfung mit menschlichem syphilitischen Virus (s. Uhlenhuth und Mulzer, Arbeiten a. d. Kais. Ges.-Amt, 44. Bd. III. Heft).

Kaninchen 46 war am 26. Mai 1909 mit 0,4 ccm Saugserum (spärliche Spirochäten) aus einer frischen nässenden Papel (Charité) in den linken Hoden geimpft worden. Am 15. Juli 1909 erschienen beide Hoden vollständig normal. Auf der Skrotalhaut des linken Hodens fand sich im oberen Drittel eine halbpfennigstückgroße, mit einer bräunlich roten festhaftenden Kruste bedeckte Stelle. Nach Abheben dieser Kruste trat ein Geschwür zutage, dessen Ränder scharf geschnitten erschienen, aber nicht verdickt waren und dessen Grund leicht eitrig belegt war. Im Abklatschpräparat fanden sich außerordentlich viele feine und lebhaft bewegliche Pallidae. Die Inkubationszeit betrug 50 Tage.

Figur 2. Erosion chancreuse auf der rechten Skrotalhaut eines Kaninchens nach Impfung mit menschlichem syphilitischen Material (s. Uhlenhuth und Mulzer, Arbeiten a. d. Kais. Ges.-Amt, Bd. 44, III. Heft).

Kaninchen Nr. 51 (1960 g) wurde am 27. Mai 1909 mit spirochätenhaltigem Saugserum (Charité) aus einer Analpapel in beide Hoden geimpft. Am 25. Juli 1909 erschienen beide Hoden verdickt, besonders der rechte. Hier fand sich (49 Tage nach der Impfung) rechts unten seitlich eine schwache graugelbliche, rundliche Borke. Nach Abheben derselben trat eine leicht erodierte und nässende, speckig glänzende, ovale Fläche zutage. Im Abklatschpräparat finden sich zahlreiche, lebhaft bewegliche Pallidae. Am 22. Juli 1909 war der rechte Hoden prall elastisch, bedeutend vergrößert und nicht reponibel. Der Punktionssaft war zähe, fadenziehend und enthielt massenhaft Spirochäten. Im strömenden Blut wurden keine Spirochäten gefunden (Dunkelfeld). Am 27. Juli 1909 war der rechte Hoden ad maximum vergrößert; der linke Hoden war jetzt ebenfalls deutlich vergrößert und enthielt Spirochäten. Die Erosion war beinahe gänzlich spontan abgeheilt.

Figur 3. Kleiner, aber typischer Primäraffekt auf der linken Skrotalhaut eines Kaninchens nach Impfung mit tierischem syphilitischen Material.

Kaninchen Nr. 131 war am 8. November 1909 mit Hodenvirus von Kaninchen 111 (II. Passage) in den linken Hoden geimpft worden. Am

16. Dezember 1909 fand sich ein kleines, kaum linsengroßes derbes Knötchen
in der Skrotalhaut an der Impfstelle. Am 6. Januar 1910 war hier eine über
erbsengroße, derbe gelbliche Verdickung entstanden, die im Zentrum ein kleines,
rundes, von einer bräunlichen trockenen Borke bedecktes Geschwür aufwies.
Nach Ablösen der Borke trat ein typischer Primäraffekt mit charakteristischen,
wallartig verdickten Rändern zutage. Am Abklatschpräparat von der ge-
schwürigen Stelle und im Quetschsaft aus der Randpartie fanden sich massenhaft Pallidae. Die Inkubation betrug ca. 8 Wochen. Am 21. Januar 1910
war der Primäraffekt fast gänzlich verheilt. Es war nur noch eine sternförmige
weißliche Narbe vorhanden, in deren Mitte eine kleine schorfartige Borke saß.

TAFEL VII.

Figur 1. Typische Primäraffekte an der Skrotalhaut beider Hoden eines Kaninchens nach Impfung mit tierischem Virus.

Kaninchen 505 wurde am 20. Oktober 1910 beiderseits am Skrotum sub-kutan mit Kaninchenhodenvirus geimpft. Am 14. November 1910 fanden sich beiderseits an der Einstichstelle kleine Primäraffekte. (Inkubationszeit 24 Tage.) Am 28. November 1910 waren die Primäraffekte beiderseits ca. zehnpfennigstückgroß geworden; die Randpartie war infiltriert (+ + Spiro-chäten). Die Hoden selbst erschienen normal. Am 20. Dezember 1910 hatten sich diese Primäraffekte etwas vergrößert, gleichzeitig war jetzt eine beider-seitige typische Drüsenschwellung zu konstatieren. Am 3. Januar 1911 waren die Primäraffekte, besonders links, bedeutend kleiner geworden, rechts fand sich eine ca. bohnengroße Drüse, in deren Punktionssaft spärliche Spiro-chäten nachweisbar waren. Am 24. Januar 1911 waren die Primäraffekte spontan abgeheilt, auf der Skrotalhaut fanden sich an Stelle der Primäraffekte weißliche, strahlige Narben.

Figur 2. Beiderseitige Primäraffekte der Skrotalhaut eines Kaninchens nach Impfung mit tierischem Virus.

Kaninchen 469 war ebenfalls am 20. Oktober 1910 mit Kaninchenhoden-passagevirus am Skrotum beiderseits subkutan geimpft worden. Am 14. Novbr. 1910, also nach 24 Tagen, fanden sich auf der Skrotalhaut, den Einstichstellen entsprechend, zwei etwa hellergroße typische Primäraffekte, deren Quetschsaft massenhaft lebende Spirochaetae pallidae enthielt. Die Hoden selbst waren normal und enthielten keine Spirochäten.

TAFEL VIII.

Figur 1. **Beiderseitige Primäraffekte der Skrotalhaut an der Impfstelle nach Impfung mit tierischem syphilitischen Virus.**

Kaninchen 283 war am 8. November 1909 mit je 1 ccm einer spirochätenhaltigen Hodenaufschwemmung (Hodenvirus von Kaninchen 318) in beide Hoden geimpft worden. Am 5. Dezember 1909 entstanden auf der Skrotalhaut beider Hoden zwei über zehnpfennigstückgroße, unregelmäßig ovale Geschwüre mit leicht verdickten Rändern, in deren Quetschsaft sich massenhaft typische Pallidae fanden. Gleichzeitig war auch je eine etwa erbsengroße Inguinaldrüse zu fühlen. Die Inkubationszeit betrug demnach 27 Tage.

Figur 2. **Beiderseitige Primäraffekte der Skrotalhaut und rechtsseitige Periorchitis circumscripta syphilitica nach Impfung mit tierischem syphilischem Virus.**

Am 3. August 1910 waren drei Kaninchen mit Passagevirus von Kaninchen 318 als Kontrolle zu anderen Versuchen in beide Hoden geimpft worden. Eines davon wies nach etwa 30 Tagen auf der Skrotalhaut beider Hoden, der Einstichstelle entsprechend, je einen über zehnpfennigstückgroßen typischen, spirochätenhaltigen Primäraffekt auf. Gleichzeitig fand sich im unteren Pol des rechten Hodens unmittelbar unter der Skrotalhaut eine etwa kleinfingerkuppegroße zirkumskripte derbe Verdickung, deren zäher, fadenziehender Punktionssaft zahlreiche lebende Pallidáe enthielt.

TAFEL IX.

Figur 1. Typische Primäraffekte der Skrotalhaut eines Kaninchens nach intravenöser Impfung mit tierischem syphilitischen Virus (Allgemeinsyphilis).

Kaninchen Nr. 129 war am 8. November 1909 mit 2 ccm Hodenemulsion intravenös geimpft worden. Am 4. Januar 1910 fanden sich auf der Skrotalhaut beider Hoden zwei typische, spirochätenhaltige Primäraffekte mit charakteristischer Randverdickung. Am 19. Januar 1911 waren die Primäraffekte bedeutend größer und stärker geworden; gleichzeitig war auch eine periorchitische Platte im linken Hoden aufgetreten. Am 16. März 1910 fand sich am rechten Auge eine spirochätenhaltige, syphilitische Keratitis, die am 31. März 1910 wieder völlig abgeheilt war. Auch die Hoden erschienen wieder völlig normal. Am 3. August 1910, bis dahin war das Tier völlig normal, wurde das Tier mit Passagevirus (Kaninchen 318) in beide Hoden nachgeimpft. Das Tier blieb bis zum 26. Februar 1911 in unserer Beobachtung und zeigte keinerlei Haftung dieses Virus im Hoden.

Figur 2. Typische Primäraffekte an der Skrotalhaut eines Kaninchens nach intraskrotaler Impfung mit tierischem syphilitischen Material.

Kaninchen 135, Gewicht 2600 g, wurde am 31. August 1909 mit Stückchen des Primäraffektes von Kaninchen 34 in beide Hoden geimpft. Am 29. September 1909 fanden sich auf der Skrotalhaut beider Hoden kleine, derbe, etwa erbsengroße spirochätenhaltige Knötchen. Am 10. Oktober 1909 waren die Knötchen über haselnußgroß. Die Skrotalhaut selber war völlig intakt. Am 20. Oktober 1909 hatten sich auf der Skrotalhaut, der Einstichstelle entsprechend, zwei kleine oberflächliche, Spirochäten enthaltende Erosionen gebildet. Am 8. Dezember 1909 befanden sich an diesen Stellen zwei große tiefe Geschwüre, die in ihrem klinischen Bilde, bzw. hinsichtlich der breiten derb infiltrierten Randzone, einem menschlichen Primäraffekte der Vorhaut sehr ähnlich sahen. Die Geschwüre waren von einer braunroten, festsitzenden Borke bedeckt, nach deren Abheben ziemlich scharf geschnittene Ränder und ein leicht blutender, wenig eitriger Grund zutage treten. Sowohl in den Abklatschpräparaten vom Geschwürsgrund, als auch besonders in der zähen, fadenziehenden Punktionsflüssigkeit aus der derben Randpartie waren massenhafte Spirochäten nachweisbar. Die Lymphdrüsen waren beiderseits, besonders aber links in der Leistengegend in charakteristischer Weise vergrößert; in einer derselben konnten lebende Pallidae nachgewiesen werden. Dieses Tier wurde übrigens mit Erfolg mit atoxylsaurem Quecksilber behandelt.

TAFEL X.

Figur 1. Typischer Primäraffekt auf der Skrotalhaut des rechten Hodens nach intraskrotaler Impfung mit tierischem Virus.

Kaninchen 400 war am 29. März 1912 mit Stückchen von Virus der XIX. Passage in den rechten Hoden geimpft worden. Am 20. April 1912 war an der Einstichstelle auf der Skrotalhaut eine äußerst charakteristische Sklerose entstanden, in deren Quetschsaft sich massenhaft Spirochaetae pallidae befanden. In der Folgezeit nahm der Primäraffekt immer mehr zu. Am 20. Mai 1912 war er etwa markstückgroß geworden. Der Hoden selbst war dauernd normal und enthielt keine Spirochäten. Das Tier erhielt an diesem Tage 0,3 g und am 23. Mai 1912 0,2 g p-azetylaminophenylstibinsaures Natron intravenös injiziert. Am 28. Mai 1912, also 8 Tage nach der ersten Einspritzung, war diese mächtige, vorher stets im Zunehmen begriffene Sklerose vollkommen abgeheilt.

Figur 2. Orchitis diffusa des linken mit tierischem Material geimpften Hodens, Primäraffekt der Skrotalhaut des rechten, nicht geimpften Hodens und papelähnliches Syphilid an der Analöffnung (s. Uhlenhuth und Mulzer, Arbeiten a. d. Kais. Ges.-Amt, 44. Bd., III. Heft).

Kaninchen 34 war am 1. Mai 1909 zum ersten Male mit tierischem Material (Hornhautvirus der XX. Passage) in die Hoden in der Weise geimpft worden, daß ein kleines Stückchen der erkrankten und Spirochäten enthaltenden Hornhaut in das Parenchym des linken Hodens mittels eines Troikarts eingeschoben wurde. Das Tier war gleichzeitig in beide Augen mit diesem Material in üblicher Weise geimpft worden. Am 9. Juni 1909 war das rechte Auge dieses Tieres in typischer Weise syphilitisch erkrankt; das linke Auge und der Hoden waren normal geblieben. Am 18. Juni 1909 wurde dieses Auge exstirpiert und weiter verimpft. Am 4. August 1909 aber ergab sich folgender Befund: Der geimpfte linke Hoden und Nebenhoden war heute in seinen Größenverhältnissen wesentlich verändert. Der Nebenhoden schien verdickt, besonders der Kopf, der sich auch stellenweis etwas derber anfühlte. Der Hoden selbst war taubeneigroß, länglich oval, von derb elastischer Konsistenz und unregelmäßiger, etwas höckeriger Oberfläche. Die Skrotalhaut war intakt, aber stellenweise über dem Hoden schwer verschieblich. Es gelang nicht, den vergrößerten Hoden und Nebenhoden zu reponieren.

In der linken Leistengegend fanden sich drei kleine harte Drüsen, von denen die eine die Größe einer Linse erreichte.

Die Punktion dieses Hodens mit einer Kapillare förderte nur sehr wenig wasserklare Flüssigkeit zutage, in der sich aber massenhaft außerordentlich lebhaft bewegliche lange Spirochäten vom Typus der Pallida fanden.

Der rechte, nicht geimpfte Hoden war vollkommen normal und leicht im Leistenkanal verschieblich. Am unteren Teil der rechten Skrotalhaut aber sahen wir ein etwa zehnpfennigstückgroßes, leicht ovales, tiefes Geschwür, das mit einer dicken bräunlichgrauen trockenen Borke bedeckt war. Die Umgebung dieses Geschwürs war in weitem Umkreis infiltriert und bildete um das Geschwür einen wulstigen, blaßgrauroten Wall. Das ganze Geschwür mit seiner Umgebung glich gewissermaßen einer in die Skrotalhaut eingelegten markstückgroßen, derb elastischen, etwa $\frac{1}{2}$—1 cm dicken Platte. Im Aussehen erinnerte sie außerordentlich an manche Formen des menschlichen Primäraffektes der Vorhaut. Nach Ablösung der ziemlich festsitzenden dicken Borke trat ein mißfarbener Grund zutage, der von steil abfallenden, scharf begrenzten, leicht blutenden Rändern umgeben war. Im Quetschserum sowohl wie im Abklatschpräparat von der Unterfläche der Borke fanden sich zahlreiche lebende typische Pallidae. Auch in der Punktionsflüssigkeit der wallartigen Umgebung ließen sich außerordentlich zahlreiche Spirochäten nachweisen. Aber auch die Punktionsflüssigkeit des anscheinend normalen rechten Hodens enthielt zahlreiche typische und lebhaft bewegliche Spirochäten.

In der rechten Inguinalgegend fanden sich eine erbsengroße und eine kleinere derbe Drüse, in deren Quetschsaft sich ebenfalls Spir. pall. bei Dunkelfeldbeleuchtung nachweisen ließen.

Gleichzeitig zeigte sich auch an der Analöffnung auf der linken Seite eine etwa erbsengroße, papelähnliche, etwas infiltrierte Stelle, die von einer trockenen gelblichbraunen Kruste bedeckt war. Nach Abheben dieser Kruste trat ein leicht nässendes graurötliches, etwas vertieftes Geschwür zutage; im Abklatschpräparat von dieser Stelle fanden sich ebenfalls zahlreiche Spirochäten vom Typus der Pallida.

Im strömenden Blut wurden Spirochäten nicht gefunden; das Allgemeinbefinden des Tieres war entschieden gestört, das Tier war abgemagert und fraß schlecht.

Am anderen Tage wurde der linke Hoden entfernt und teils zum Weiterverimpfen auf andere Tiere, teils zu kulturellen Zwecken verwendet.

Beim Durchschneiden des Hodens zeigte sich, daß der eigentliche Hoden in einer derben, fast knorpelharten, etwa $\frac{1}{3}$ cm dicken Hülle frei beweglich lag. Diese Hülle, die im Ausstrich besonders reichlich Spirochäten enthielt, entsprach wahrscheinlich der verdickten Tunica vaginalis. Im Hoden selbst wie im Nebenhoden fanden sich zahlreiche Spirochäten.

Das Virus dieses Kaninchens bildete das Ausgangsmaterial unseres Hodenpassagevirus, das wir bis jetzt bis zur XXVII. Passage fortgezüchtet haben.

TAFEL XI.

Figur 1. Lokales Rezidiv in Form eines Primäraffektes, das
sich an der Exzisionsstelle eines nach linksseitiger intraskrotaler
Impfung mit tierischem Material entstandenen Primäraffektes
gebildet hatte.

Kaninchen 139 war am 8. November 1909 mit Hodenvirus von Kaninchen
111 (II. Passage) in den linken Hoden geimpft worden. Am 6. Januar 1910
war der linke Hoden anscheinend normal, in der Skrotalhaut aber fand sich
ein ca. zehnpfennigstückgroßer Primäraffekt mit breiten, wallartig verdickten
Rändern. Inkubation ca. 8 Wochen. Am 26. Januar 1910 war der Primäraffekt exzidiert und auf 14 Kaninchen, Hühner und Affen verimpft worden.
Am 17. Februar 1910 hatte sich an der Stelle, wo der frühere Primäraffekt
saß, ein neuer, beinahe ebenso großer Primäraffekt gebildet (Rezidiv). Am
28. Februar 1910 war der Primäraffekt bedeutend kleiner geworden und am
15. März 1910 war er mit Hinterlassung einer kleinen weißlichen Narbe
spontan geheilt.

Figur 2. Beiderseitige Orchitis syphilitica diffusa mit typischen Primäraffekten der Skrotalhaut an den Einstichstellen.

Kaninchen 170 war am 7. Januar 1910 mit Virus von Kaninchen 139
(III. Passage) in beide Hoden geimpft worden. Am 4. Februar 1910 fand
sich beiderseits eine typische Orchitis syphilitica diffusa. Inkubationszeit
vier Wochen (im fadenziehenden Punktionssaft zahlreiche Pallidae). Am
17. Februar 1910 waren auf der Skrotalhaut beider Hoden an den Einstichstellen
noch außerdem ca. zehnpfennigstückgroße Primäraffekte aufgetreten.

TAFEL XII.

Figur 1. Rechtsseitige Orchitis und Periorchitis syphilitica diffusa mit Primäraffekt nach rechtsseitiger intraskrotaler Impfung mit 1 ccm defibrinierten Blutes eines an primärer Hodensyphilis erkrankten Kaninchens.

Kaninchen 447 wurde am 11. Oktober 1910 mit 1 ccm mikroskopisch spirochätenfreiem defibrinierten Blute von Kaninchen 400 (beiderseitige diffuse Orchitis syphilitica) in den rechten Hoden geimpft. Am 28. November 1910, also nach 47 Tagen, fand sich im geimpften rechten Hoden eine linsengroße, knötchenartige, spirochätenhaltige Periorchitis syphilitica circumscripta. Am 2. Januar 1911 war der rechte Hoden diffus, beinahe taubeneigroß geschwollen, auf der ganzen vorderen Fläche fühlte man eine buckelige, schalenartige, derbe Platte und an der Impfstelle war ein etwa zehnpfennigstückgroßer typischer Primäraffekt entstanden. Der Punktionssaft aus Hoden und Primäraffekt war fadenziehend und enthielt massenhaft lebende Pallidae. Rechts fand sich noch eine etwa erbsengroße harte Drüse, in der sich ebenfalls lebende Spirochäten nachweisen ließen.

Figur 2. Beiderseitige Orchitis syphilitica diffusa und typische Primäraffekte an den Impfstellen nach intraskrotaler Impfung beider Hoden mit tierischem Virus.

Kaninchen 289 war am 30. April 1910 mit Virus von Kaninchen 230 (III. Passage) in beide Hoden geimpft worden. Am 25. Mai 1910 fanden sich in beiden Hoden ca. daumenkuppengroße derbe Stellen, deren Punktionssaft zäh war und massenhaft Spirochäten enthielt. Die Inkubation betrug ca. 4 Wochen. Am 9. Juni 1910 waren die Hoden beiderseits diffus über 1½ mal vergrößert und derb-elastisch. An beiden Einstichstellen waren ca. einmarkstückgroße typische Primäraffekte entstanden. In der rechten Inguinalgegend fand sich eine kleinhaselnußgroße harte Drüse, daneben zwei ebensolche, aber nur hirsekorngroße. Diese wurde exzidiert und quer durchgeschnitten. Im Abstrichpräparat fanden sich vereinzelte im Dunkelfeld gut bewegliche Pallidae.

2*

TAFEL XIII.

Figur 1. Primäraffekte der Skrotalhaut und gleichzeitige beiderseitige Orchitis syphilitica circumscripta nach intraskrotaler Impfung.

Kaninchen 784 war am 23. März 1911 mit Hodenvirus von Kaninchen 630 (XII. Passage) in beide Hoden geimpft worden. Etwa 42 Tage später hatte sich in beiden Hoden eine ca. kleintaubeneigroße zirkumskripte derbe Verdickung ausgebildet, deren fadenziehender, klarer Punktionssaft massenhaft lebende Spirochaetae pallidae enthielt. Gleichzeitig fanden sich auf der Skrotalhaut an den Einstichstellen je ein typischer Primäraffekt.

Figur 2. Primäraffekt der Skrotalhaut des linken Hodens an der Impfstelle mit gleichzeitiger Orchitis syphilitica circumscripta im rechten, nicht geimpften Hoden.

Kaninchen 783 war gleichfalls am 23. März 1911 mit demselben Virus wie das vorhergehende Tier, jedoch nur in den linken Hoden geimpft worden. Nach 35 Tagen etwa fand sich auf der Skrotalhaut des linken Hodens, der Einstichstelle entsprechend, ein etwa markstückgroßer charakteristischer Primäraffekt. Der Hoden selbst erschien vollkommen normal und enthielt keine Spirochäten. Dagegen fand sich in der Mitte des rechten, nicht geimpften Hodens eine über haselnußgroße, umschriebene, derbe Anschwellung, deren Punktionssaft klar und fadenziehend war und massenhaft typische Pallidae enthielt.

TAFEL XIV.

Figur 1. Beiderseitige diffuse Orchitis syphilitica mit Biß-
verletzung des linken Hodens.

Kaninchen 180 war am 7. Januar 1910 mit Virus von Kaninchen 139
(III. Passage) in beide Hoden geimpft worden. Am 4. Februar 1910, also bereits nach 4 Wochen, war beiderseits eine deutliche diffuse Orchitis festzustellen;
im Punktionssaft des erkrankten Hoden ließen sich massenhaft lebende
Pallidae nachweisen. Die Skrotalhaut selbst war beiderseits intakt. Am
17. Februar 1910 waren beide Hoden ad maximum gespannt und prall-elastisch.
Links fanden sich zwei etwa erbsen- und linsengroße harte Inguinaldrüsen. An
diesem Tage war das bisher allein sitzende Kaninchen zu einem anderen Tier
in einen gemeinsamen Käfig gesetzt und von diesem in den linken Hoden
gebissen worden. Etwa 3 Tage später bot sich am linken Hoden das oben
gezeichnete Bild, das sehr schön den Unterschied akzidenteller Hodenver-
letzungen (Bisse) typischen Primäraffekten gegenüber zeigt. Letztere haben
nämlich immer einen stärker infiltrierten wellartigen Rand.

Figur 2. Orchitis syphilitica diffusa und multiple Periorchitis
syphilitica circumscripta am rechten Hoden eines mit tierischem
Virus geimpften Kaninchens.

Dieses Kaninchen 969 war am 30. Juni 1911 mit Virus von Kaninchen 930
(XIV. Passage) in beide Hoden geimpft worden, und zwar in der Weise, daß
von der spirochätenhaltigen Hodenemulsion diesem Tier in jeden Hoden
1 ccm eingespritzt wurde. Am 26. August 1911 war der rechte Hoden diffus
wurstförmig vergrößert (Orchitis syphilitica diffusa) und außerdem fanden
sich etwa fünf größere und kleinere, teilweise zentral leicht erodierte und
mit einer bräunlichgelben, fest haftenden Borke besetzte rundliche und ovale
buckelartige Hervorwölbungen vor, die wahrscheinlich von der Tunica vaginalis
ausgingen (Periorchitis syphilitica circumscripta). In diesen periorchitischen
Tumoren sowohl wie im vergrößerten Hoden fanden sich massenhaft lebende
Pallidae. Der linke Hoden war anscheinend normal und enthielt keine
Spirochäten.

TAFEL XV.

Figur 1. Primäraffekt der linken Skrotalhaut mit gleichzeitiger Periorchitis syphilitica circumscripta des rechten Hodens nach Impfung beider Hoden (tierisches Virus).

Kaninchen 966 wurde am 30. Juni 1911 mit 1 ccm spirochätenhaltiger Hodenemulsion von Kaninchen 930 (XIV. Passage) in beide Hoden geimpft. Am 26. August 1911 fand sich eine leichte rechtsseitige diffuse Orchitis (+ Spirochäten) und auf dem unteren Drittel dieses Hodens eine etwa kleinfingerkuppengroße, umschriebene derbe, halbkugelige Hervorwölbung (Periorchitis circumscripta), deren Punktionssaft massenhaft lebende Pallidae enthielt. Der linke Hoden war scheinbar normal (— Spirochäten), auf der Skrotalhaut war aber, etwa in der Mitte, ein ca. zehnpfennigstückgroßer typischer Primäraffekt entstanden.

Figur 2. Orchitis syphilitica diffusa mit gleichzeitiger mehrfacher, stellenweise ulzerierter Periorchitis syphilitica circumscripta des rechten Hodens und normalem linken Hoden bei Impfung beider Hoden (tierisches Virus).

Kaninchen 666 hatte mit zwei anderen Kaninchen (665 und 667) am 21. Januar 1911 je 5 ccm einer frischen spirochätenhaltigen Hodenaufschwemmung intravenös injiziert erhalten. Am 8. Februar 1911 wurden alle drei Kaninchen, die vollkommen gesund erschienen, mit je 1 ccm einer anderen, ebenfalls frischen spirochätenhaltigen Hodenaufschwemmung in beide Hoden nachgeimpft. Am 13. März 1911 hatte sich bei diesem Kaninchen im rechten Hoden eine daumendicke, wurstförmige Orchitis syphilitica diffusa (++ Spirochäten) ausgebildet und gleichzeitig waren mehrere teilweise ulzerierte periorchitische Knötchen unter der Skrotalhaut entstanden. Rechts war in der Leistenbeuge eine etwa erbsengroße derbe Drüse zu fühlen, deren Punktionssaft spärliche lebende Spirochäten enthielt. Der linke Hoden war normal.

TAFEL XVI.

Figur 1. Typische Orchitis syphilitica diffusa sinistra nach linksseitiger Hodenimpfung mit menschlichem syphilitischen Material.

Kaninchen 47, Gewicht 1950 g, war am 26. Mai 1909 mit spirochätenhaltigem Saugserum aus einer unbehandelten Genitalpapel in den linken Hoden geimpft worden (Charité). Am 6. Juli 1909, also 43 Tage nach der Impfung, erschien der linke geimpfte Hoden diffus geschwollen, lag außerhalb des Leistenkanals, durch den er nicht zurückgeschoben werden konnte, fühlte sich derb an und enthielt im Punktionssaft massenhaft typische Pallidae. Die Leistendrüsen waren nicht zu fühlen. Das Gewicht des Tieres betrug 2800 g. Eine Gewichtsabnahme war also nicht zu konstatieren. Am 7. Juli 1909 wurde der Hoden exstirpiert. Beim Einschneiden in den Hoden quoll eine glasig-grauweiße, traubenartig gefelderte Masse über die Schnittfläche. Freie Flüssigkeit war nirgends vorhanden, aber das Gewebe enthielt einen zähen, fadenziehenden Saft. Auf dem Durchschnitt zeigte sich, daß dieses gallertartige Gewebe den ganzen Hoden durchsetzte.

Figur 2. Typische Periorchitis syphilitica circumscripta beider Hoden nach Impfung mit tierischem Virus.

Kaninchen 213 war am 27. Februar 1910 in beide Hoden mit Virus von Kaninchen 174 geimpft worden. Am 13. April 1910, also nach 45 Tagen, bot sich folgender Befund: Unter der Skrotalhaut beider Hoden war etwa in der Mitte je eine über daumennagelgroße, schalenartig gebogene, etwa $\frac{1}{2}$ cm dicke, mit der Unterlage leicht verwachsene Platte entstanden, über der die Skrotalhaut leicht verdünnt und adhärent war. Unterhalb derselben fanden sich links noch zwei etwa haselnußkerngroße periorchitische Knötchen, von denen das eine oberflächlich ulzeriert war.

Figur 3. Typische rechtsseitige Orchitis syphilitica diffusa nach intraskrotaler Impfung dieses Organs mit tierischem Virus (s. Uhlenhuth und Mulzer, Arbeiten a. d. Kais. Ges.-Amt. 44. Bd., III. Heft).

Kaninchen 397 war am 3. August 1910 mit Virus von Kaninchen 318 (VIII. Passage) links genau nach den Angaben von Tomasczewski unter die Skrotalhaut, rechts in gewöhnlicher Weise intraskrotal geimpft worden. Am 16. August 1910 fand sich links ein kleines derbes, Eiter und einige Spirochäten enthaltendes Knötchen an der Impfstelle, der rechte Hoden erschien normal. Am 26. August 1910 war links das Knötchen etwas größer geworden und enthielt Spirochäten; der Hoden selbst war normal; Spirochäten konnten in ihm nicht nachgewiesen werden. Rechts fand sich eine über haselnußgroße zirkumskripte Orchitis syphilitica (+ + Spirochäten). Am 25. September 1910 war der linke Hoden und die Skrotalhaut völlig normal, rechts dagegen war eine über taubeneigroße diffuse Orchitis syphilitica entstanden.

TAFEL XVII.

Figur 1. Primäraffekt am linken oberen Augenbogen eines Kaninchens nach lokaler Impfung mit tierischem Virus.

Kaninchen 435 erhielt am 28. September 1910 in die skarifizierte Haut beider Augenbögen unter Taschenbildung 5 Minuten lang Virus von Kaninchen 400 (IX. Passage) eingerieben. Starke Blutung während der Impfung. Am 7. Oktober 1910 waren beiderseits noch leichte, von der Skarifikation herrührende Borken vorhanden. Am 28. November 1910 war die Impfgegend etwas verdickt und schuppte leicht. Im Quetschsaft aus diesen Stellen waren typische Pallidae nachweisbar. Am 20. Dezember 1910 fanden sich an den Impfstellen beiderseits typische, etwa fingernagelgroße Primäraffekte.

Figur 2. Typischer Primäraffekt am linken oberen Augenbogen nach lokaler Impfung mit tierischem syphilitischem Virus.

Kaninchen 657 war am 20. Januar 1911 wie vorher, aber auch noch gleichzeitig in das innere Ohr geimpft worden. Am 10. Februar 1911 fand sich links an der Impfstelle ein kleinfingerkuppengroßer Primäraffekt (+ Spirochäten). Inkubation 3 Wochen. Am 13. April 1911 waren beiderseits an den oberen Augenbögen über zehnpfennigstückgroße typische Primäraffekte vorhanden; an der linken Ohrwurzel war ein ca. bohnengroßes papulöses Syphilid entstanden (Allgemeinsyphilis).

TAFEL XVIII.

Figur 1. Beiderseitige Primäraffekte an den oberen Augenbögen nach lokaler Impfung mit tierischem syphilitischem Virus.

Kaninchen 656 war am 20. Januar 1911 an beiden Augenbögen und auf
dem Rücken unter Skarifikation und Taschenbildung 5 Minuten lang mit
Virus von Kaninchen 558 (XI. Passage) kutan geimpft worden. Am 24. Januar
1911 waren an den Impfstellen noch kleine von der Impfung herrührende
Schorfe sichtbar. Am 4. Februar 1911 waren die Impfstellen normal. Am
10. Februar 1911 fand sich auf dem rechten Augenbogen ein kleines papulo-
krustöses Geschwür (+ Spirochäten). Inkubationszeit ca. 3 Wochen. Am
13. April 1911 hatte sich dieses Geschwür etwas vergrößert, gleichzeitig aber
war auch links an der Impfstelle ein ca. pfenniggroßer typischer Primäraffekt
entstanden.

Figur 2. Typischer Primäraffekt am Präputium eines Kaninchens nach Impfung derselben mit tierischem syphilitischem
Material.

Kaninchen 769 war am 15. März 1911 mit Virus der XII. Passage (Hoden
von Kaninchen 630) in beide Hoden und in der Weise unter die Vorhaut geimpft worden, daß mittels eines Troikarts ein Stückchen des syphilitischen
Hodenmaterials hier subkutan implantiert wurde. Am 9. April 1911 fand
sich bei diesem Tier eine beiderseitige Orchitis und Periorchitis diffusa syphilitica. Die Vorhaut erschien völlig normal. Am 13. April 1911 aber war hier
an der Impfstelle ein erbsengroßes derbes Knötchen (+ Spirochäten) entstanden. Am 2. Mai 1911 bot sich folgender Befund: Beiderseits starke diffuse
Orchitis und Periorchitis; die ganze Vorhaut war von einem kreisrunden
derben Geschwür eingenommen, dessen Ränder wallartig verdickt und
im Zentrum von einer braungelben, trockenen, festhaftenden Borke besetzt
waren. Das ganze Krankheitsbild glich sehr einem menschlichen Primäraffekt.
Das Orificium urethrae lag analwärts ganz unten, vom Geschwür fast ganz
verdeckt. Beiderseits typische Drüsen.

III. Allgemeine Syphilis der Kaninchen mit manifesten Symptomen.

A. Nach Hodenimpfung.

Wir haben die bisher angeführten Krankheitsformen als „primäre Kaninchensyphilis" bezeichnet, weil diese nur an oder in dem geimpften Organ, also lokal, auftreten. Es kann aber nicht bezweifelt werden, daß bei besonders ausgeprägten Hodenerkrankungen oder nach positiver Impfung anderer Organe bereits eine Allgemeininfektion des Organismus besteht. Für diese Annahme sprechen die von uns wiederholt gemachten Beobachtungen, daß bei nur einseitiger Hodenimpfung und Erkrankung auch der andere, nicht geimpfte Hoden gleichzeitig oder später syphilitisch erkrankte (s. Tafel XIII, Fig. 2), daß in gleicher Weise nach Hodenimpfung papelähnliche Syphilide im Gesicht, an den Ohren (s. Tafel XVII, Fig. 2) und am After entstanden und daß nach Abheilen solcher Hodenerkrankungen bei denselben Tieren sekundäre syphilitische Hornhauterkrankungen auftraten. Der sichere Beweis aber, daß eine syphilitische Allgemeininfektion nach intraskrotaler Impfung möglich ist, wurde von uns dadurch erbracht, daß wir wiederholt bei Kaninchen durch Verimpfung von Milz-, Leber-, Knochenmarkbrei und von Blut lokal an beiden Hoden syphilitisch erkrankter Kaninchen 2—3 Monate nach der Impfung typische syphilitische Hodenerkrankungen mit positivem Spirochätenbefund feststellen konnten.

TAFEL XIX.

Figur 1. Papulo-ulzeröses Syphilid an der linken Oberlippe eines mit tierischem syphilitischen Material in beide Hoden geimpften Kaninchens.

Kaninchen Nr. 1010 wurde am 15. August 1911 mit Virus der XVI. Hodenpassage in beide Hoden geimpft. Am 20. September 1911 war beiderseits eine starke typische Orchitis und Periorchitis syphilitica diffusa entstanden. Links waren in der Inguinalgegend eine etwa erbsen- und eine hanfkorngroße derbe Drüse zu fühlen. An der linken Oberlippe fand sich ein etwa erbsengroßer rundlicher derber Tumor, dessen Oberfläche von einer festhaftenden dünnen, gelblich-braunen Borke bedeckt war. Nach Abheben derselben trat eine ulzerierte, leicht nässende, stellenweise etwas blutende Fläche zutage. Im Abklatsch- und im Quetschpräparat fanden sich zahlreiche typische Pallidae. Die Papel heilte nach etwa 10 Tagen spontan und ohne eine Narbe oder Pigmentation zu hinterlassen ab.

Figur 2. Papulo-ulzeröses Syphilid am After eines mit tierischem syphilitischem Material in beide Hoden geimpften Kaninchens.

Kaninchen 1012 wurde ebenfalls am 15. August 1911 mit Virus der XVI. Hodenpassage in beide Hoden geimpft. Am 20. September 1911 fand sich links ein etwa markstückgroßer Primäraffekt der Skrotalhaut; der Hoden selbst war scheinbar nicht erkrankt. Rechts dagegen hatte sich eine mächtige Orchitis und Periorchitis syphilitica circumscripta mit gleichzeitiger charakteristischer Lymphdrüsenschwellung in der Leistengegend ausgebildet. Am 25. September 1911 fand sich am After ein etwa bohnengroßes Geschwür mit wallartig verdickten, ziemlich scharf geschnittenen Rändern und speckigem Grunde. Im Quetschpräparat fanden sich zahlreiche typische Pallidae.

Figur 3. Keratitis syphilitica profunda bei einem mit tierischem syphilitischen Virus in beide Hoden geimpften Kaninchen.

Kaninchen 291 war am 30. April 1910 mit Virus der III. Passage (Hoden von Kaninchen 230) in beide Hoden geimpft worden. Am 27. Mai 1910 fand sich rechts ein kleiner orchitischer Knoten im Innern des Hodens; links eine leichte diffuse Verdickung des Hodens. (+ + Spirochäten. Inkubationszeit 4 Wochen.) Am 9. Juni 1910 war links eine Orchitis diffusa syphilitica und ein etwa fünfpfennigstückgroßer Primäraffekt mit geringer Randinfiltration entstanden; rechts war eine diffuse Orchitis syphilitica aufgetreten. Am 20. Juni 1910 war links der Primäraffekt spontan abgeheilt und auch die Hodenschwellung bedeutend zurückgegangen, während rechts der Status derselbe geblieben war und außerdem noch an der Einstichstelle ein kleiner linsengroßer Primäraffekt entstanden war. Am 26. Juli 1910 erschienen beide Hoden völlig normal, aber beiderseits war der Beginn einer Keratitis syphilitica superficialis (+ Spirochäten) zu konstatieren. Am 16. August 1910 war die Keratitis auf beiden Augen bis auf eine leichte, hauchförmige zentrale Trübung der Hornhaut abgeheilt. Am 26. August 1910 war das Kaninchen stark abgemagert; die Augenerkrankung hatte sich bedeutend verstärkt. Am 9. September 1910 war beiderseits eine typische syphilitische Keratitis profunda mit starker Perikornealinjektion und ca. 3 mm breiter pannusartiger Gefäßneubildung aufgetreten. Im Kammerwasser sowie im Geschabe der Hornhaut fanden sich typische Spirochaetae pallidae.

Figur 4. Linksseitige Orchitis und Periorchitis syphilitica diffusa sowie Primäraffekt an der Impfstelle nach Impfung mit Blut eines „lokalsyphilitischen" (Hodensyphilom) Kaninchens.

Am 11. Oktober 1910 wurde Kaninchen 400, das am 3. August 1910 mit Virus der VIII. Passage in beide Hoden geimpft worden war und am 10. September 1910 eine beginnende rechtsseitige Orchitis und Periorchitis syphilitica aufwies, die in der Folgezeit ständig zunahm, getötet und 5 Kaninchen (Nr. 444 bis 448) mit ca. 1 ccm durch Schütteln defibrinierten Blutes, sowie 4 Kaninchen (Nr. 454—457) mit Leber-Milz-Knochenmarkbrei in beide Hoden geimpft. Im Blut waren keine Spirochäten gefunden worden. Kaninchen 447, von dem diese Abbildung stammt, zeigte am 28. November 1911 links eine kleine linsengroße, knötchenartige Periorchitis syphilitica circumscripta. Am 2. Januar 1911 hatte sich eine linksseitige starke Orchitis und Periorchitis syphilitica diffusa, sowie ein etwa markstückgroßer typischer Primäraffekt an der Impfstelle ausgebildet. Am 10. März 1911 war der Hoden bis auf eine kleine knotenartige Verdickung fast völlig abgeheilt. An dem rechten Auge fand sich eine typische Keratitis syphilitica sowie an der äußeren Zehe des rechten Vorderfuße seine syphilitische Paronychie (s. Tafel XXVIII, Fig. 3).

B. Nach intravenöser, bzw. intrakardialer Impfung.

Zur intravenösen, bzw. intrakardialen Impfung verwenden wir ausgeprägte syphilitische Hoden- und Hodenhüllenerkrankungen, die möglichst aseptisch exstirpiert, auf einer sterilen Glasplatte mittels eines sterilen Wiegemessers sehr fein zerkleinert, in ein Erlenmeyersches Kölbchen gebracht und mit körperwarmer physiologischer Kochsalzlösung übergossen werden. Das Kölbchen wird dann mit einem sterilen Korkstopfen verschlossen — ein Wattebausch eignet sich weniger, da er beim Schütteln Material aufsaugt — und im Schüttelapparat ½—¾ Stunden geschüttelt. Am besten nimmt man hierzu einen heizbaren Schüttelapparat, der eine konstante Temperatur von 37⁰ enthält — besonders bewährt hat sich uns der von Uhlenhuth angegebene Kinotherm[1]) — da dann die Spirochäten gut beweglich bleiben und ein durch Injektion kälterer Flüssigkeiten möglicherweise hervorgerufener Shock vermieden wird. Das gut durchgeschüttelte Material wird dann in ein über eine sterile Petrischale gebreitetes, doppelt zusammengefaltetes Stück steriler Mullgaze ausgeschüttet und mittels einer sterilen Pinzette vorsichtig, um das Durchtreten größerer Gewebspartikel zu vermeiden, ausgepreßt. Von dieser Aufschwemmung, die wir kurz „Hodenemulsion" nennen, und die stets, je nach der Menge des syphilitischen Materials und der Kochsalzlösung, mehr oder weniger zahlreiche Spirochäten enthält, wird dann beliebig viel intravenös injiziert.

[1]) Zu beziehen von F. u. M. Lautenschläger, Berlin.

TAFEL XX.

Figur 1—4. Technik der intrakardialen Impfung junger Kaninchen.

Zur intrakardialen Impfung, die wir bei jungen Kaninchen, deren Ohrvenen für eine intravenöse Einspritzung nur sehr schwer zugänglich sind, vornehmen, verwenden wir ebenfalls eine nach obigen Angaben hergestellte Hodenemulsion. An Instrumenten brauchen wir hierzu zwei gewöhnliche Pravazspritzen, zwei feine Kanülen, einen Kolben mit physiologischer Kochsalzlösung und zwei sterilen Petrischalen. In die eine dieser Schalen wird physiologische Kochsalzlösung gegossen, in welche die beiden Kanülen, sowie eine Spritze gelegt werden. In die andere Schale kommt die zu injizierende Impfflüssigkeit. Der Diener setzt sich auf einen Stuhl und hält das junge Kaninchen vertikal derart frei vor sich hin, daß er mit der einen Hand den Kopf und die vorderen Extremitäten, mit der anderen Hand die hinteren Extremitäten fixiert. Nun setzt man sich dem Diener gegenüber und sucht sich mit dem Finger den Herzspitzenstoß auf (Fig. 1). Hat man diesen gefunden — er liegt meist etwas links oben von dem Sternalwinkel —, so stößt man eine Kanüle ein, von deren Durchgängigkeit man sich vorher überzeugt hat. Wenn die Kanüle die Herzwand durchbohrt hat, dann muß Blut tropfenweise durch die Kanüle abfließen (Fig. 2). Ist dies der Fall, so wird möglichst schnell die eine Spritze, die man vorher durch Aufziehen der Impfflüssigkeit durch die Kanüle — es wird so am sichersten die Verstopfung derselben durch Gewebspartikelchen vermieden — gefüllt hat, aufgesetzt und langsam das gewünschte Quantum injiziert (Fig. 3). Ist die Flüssigkeit eingespritzt, so wird die Spritze von der Kanüle abgenommen und gewartet, ob wieder Blut aus derselben abtropft (Fig. 4). Nur so ist man sicher, wirklich in das Herz injiziert zu haben. Dann wird die Kanüle mit einem Ruck herausgezogen und mehrfach mittels der anderen Spritze mit Kochsalzlösung durchspült. Dasselbe empfiehlt sich übrigens auch, wenn man nicht gleich beim ersten Male das Herz getroffen hat und die eingestochene Kanüle wieder herausziehen muß, da sich hierbei die Kanüle verstopft haben kann.

Klinisches Bild der Allgemeinsyphilis der Kaninchen.

Auf Grund zahlreicher Ergebnisse, die wir durch beide Methoden der Impfung in die Blutbahn erzielt haben, sind wir in der Lage, im folgenden ein genaues Krankheitsbild der Allgemeinsyphilis beim Kaninchen zu geben:

Unmittelbar nach der intrakardialen Injektion von 1—2 ccm Hodenemulsion liegen die jungen Kaninchen in der Regel matt und nur schwach atmend auf der Seite. Auch nach der intravenösen Injektion, besonders nach Injektion von großen Flüssigkeitsmengen zeigen sich an den Tieren oft leichte Shockwirkungen. Nach kurzer Zeit erholen sie sich jedoch und zeigen in den nächsten Wochen keinerlei krankhafte Erscheinungen. 6—8—10 Wochen nach der Einspritzung jedoch fängt das Fell des Tieres an struppig zu werden, die Freßlust scheint etwas vermindert und auch eine allgemeine Abmagerung macht sich geltend. Kurze Zeit nach dem Auftreten dieser Allgemeinerscheinungen, die wir als „Prodromalstadium" bezeichnen möchten, kann man dann fast regelmäßig als erstes manifestes Symptom der Lues bei jungen Kaninchen an der knorpeligen Nasenöffnung zwei kleine derbelastische Tumoren feststellen, die in der Mitte zusammengewachsen sind. Gleichzeitig besteht dann immer ein weißlichgelber Nasenausfluß, der vereinzelte Spirochaetae pallidae enthält. Auch am Schwanzende fühlt man meistens schon jetzt eine kleine ovale, kolbige, ebenfalls derbelastische Auftreibung. In kurzer Zeit wachsen diese Nasentumoren zu halber Haselnußgröße und darüber an. Die äußere Haut ist über diesen Tumoren, deren zähflüssiger, aber klarer Punktionssaft stets massenhaft typische Pallidae enthält, deutlich hervorgewölbt, aber nicht mit der Unterlage verwachsen. Meist ist die Atmung derartig erkrankter Tiere außerordentlich mühsam und kann nur unter Heranziehung sämtlicher Hilfsmuskeln ausgeführt werden, was sich durch tiefe, schnaufende Atemzüge und seitliche Einziehung des Thorax dokumentiert. Wie man auf dem Durchschnitt solcher Nasentumoren ersehen kann, wuchert das Tumorgewebe in den Nasengang hinein und erschwert so die Atmung. Es kommt auf diese Weise zu vollkommenem Verschluß der Nasenöffnungen, und dann stirbt das Tier an Erstickung. Denjenigen Tieren, bei denen diese Nasentumoren mehr nach oben wachsen, droht diese Gefahr nicht, sie bleiben am Leben. Während sich nun die Nasentumoren und der Schwanztumor vergrößern — letzterer kann auch in der Mitte des Schwanzes lokalisiert und häufig oberflächlich ulzeriert sein —, treten an verschiedenen Stellen des Gesichts eigenartige, meist kreisrunde oder ovale derbe Tumoren von Linsen- bis Erbsengröße auf, die meistens in der Mitte eine kleine, fest anhaftende, trockene Borke tragen. Sie sitzen in der äußeren Haut und sind vornehmlich auf oder an den Seiten des Nasenrückens, unterhalb des Maules, am Kinn, über den oberen Augenbögen oder an den Ohrwurzeln lokalisiert. Diese Tumoren können bis zu Pfenniggröße heranwachsen. Der Punktionssaft dieser Tumoren ist ebenfalls klar und fadenziehend und enthält massenhaft Spirochäten. Ähnliche linsenartige Tumoren, nur bedeutend flacher, können auch an den Lidrändern entstehen.

In diesem Stadium der Krankheit besteht regelmäßig eine beiderseitige intensive Konjunktivitis mit starker Sekretion. Das Sekret läuft über die unteren Lider herab und trocknet zu derben Borken ein. Sehr häufig bildet sich auf einem oder beiden Augen eine typische Keratitis parenchymatosa mit perikornealer Injektion und pannusartigen Gefäßneubildungen aus.

Ferner kommt es häufig bei derartig erkrankten Tieren zu kolbigen Auftreibungen der Endglieder verschiedener Zehen; in dem Punktionssaft derartiger Krankheitsprodukte finden sich ebenfalls zahlreiche Spirochäten. Gleichzeitig entwickelt sich dann hier eine syphilitische Erkrankung des Nagelbettes, das gerötet und mit feinen weißlichen Schüppchen bedeckt ist. Die Krallen gehen an diesen kranken Zehen zugrunde bzw. werden abgestoßen. Oft finden sich an den tumorartigen Auftreibungen, die übrigens hin und wieder auch an den Mittelgliedern lokalisiert sind, oberflächliche Ulzerationen. Spirochätenhaltige Geschwüre mit charakteristischer Randverdickung können auch an anderen Stellen der Beine, z. B. am Knie, oder an der Fußwurzel entstehen. Man beobachtet papuloulzeröse Syphilide an der Scheide und am Anus, sowie ausgedehnte ulzerokrustöse Syphilide im Gesicht und an den Extremitäten. Auch zirkumskripter Haarausfall auf dem Rücken eines derartig erkrankten Tieres wurde von uns gesehen. Nach etwa 10—14 Tagen waren die Haare wieder gewachsen.

Eine vereinzelte oder allgemeine Drüsenanschwellung haben wir bei diesen Tieren bisher nicht beobachten können.

Dagegen gelang es uns in zwei Fällen lebende Spirochaetae pallidae im kreisenden Blute nachzuweisen. Es scheint aber, als ob sie hier nur zu gewissen Zeiten und sehr selten aufzufinden sind.

In den inneren Organen haben wir bisher keine grobsichtbaren Veränderungen gefunden, vermochten aber durch Verimpfung von Milz-Leber-Knochenmarkbrei, wie durch Verimpfung von Blut, solcher jungen syphilitischen Kaninchen in die Hoden erwachsener Kaninchen in mehreren Fällen typische syphilitische Erkrankungen dieser Organe hervorzurufen.

Alle diese beschriebenen Krankheitserscheinungen können nun spontan nach verhältnismäßig kurzer Zeit abheilen; ein derartiges weibliches Tier erscheint vollkommen gesund, kann sogar gravide werden und gesunde Junge zur Welt bringen. Daß aber auch hier analog der menschlichen Lues Rezidive auftreten können, daß also auch hier ein Latenzstadium der Lues besteht, zeigten uns wiederholt Beobachtungen derart, daß nach Abheilung schwerer Hodenerkrankungen oder eines Nasentumors und der Hautgeschwüre schwere typische Keratitiden oder andere luetische Krankheitsprodukte mit positivem Spirochätenbefund auftraten.

Auf den folgenden Tafeln bringen wir nun Abbildungen und Photographien typischer Krankheitsbefunde, die das eben Gesagte illustrieren und ergänzen sollen.

TAFEL XXI.

Figur 1. Technik der intravenösen Impfung erwachsener Kaninchen.

Der Diener oder der Gehilfe hält das Tier so, wie es Fig. 1 zeigt, oder er setzt sich auf einen Stuhl, nimmt das Kaninchen, das intravenös injiziert werden soll, auf den Schoß und umwickelt Kopf, Leib, Vorder- und Hinterbeine mit einem Tuch oder mit der Schürze so, daß nur das Ohr heraussieht. Am äußeren Rand desselben werden mit einer gebogenen Schere die Haare etwas abgeschnitten, dann wird das Ohr mit heißem Wasser oder, nach eventueller vorheriger Desinfektion, mit einem Ätherbausch kräftig abgerieben und die Ohrvene an der Ohrwurzel komprimiert. Die Vene schwillt dann zu einem deutlichen Strang an, sodaß man jetzt mit Leichtigkeit die Kanüle der Injektionsspritze in diese einführen kann. Man hat sorgfältig darauf zu achten, daß keine Luftblasen mit in die Vene gelangen. Die Tiere werden zuweilen unruhig, sobald man anfängt, den Stempel der Spritze vorzuschieben; es kommt deshalb viel darauf an, wie sie vom Gehilfen gehalten werden. In jedem Falle tut man gut, die Einspritzung möglichst peripher, nahe dem Ohrende zu machen, weil man dann unabhängig von plötzlichen Bewegungen des Tieres bleibt und auch für weitere Injektionen genügend freies Feld übrig behält. Die Injektion selbst hat ganz langsam und gleichmäßig stattzufinden. Nach dem Herausziehen der Kanüle genügt in den meisten Fällen ein kurz dauerndes Kneifen mit dem Fingernagel oder einer Klemme, um die Blutung zum Stehen zu bringen. Ist in seltenen Fällen die Blutung erheblich, so muß das Gefäß umstochen werden.

Ist man genötigt, ohne Assistenz ein Kaninchen intravenös zu injizieren, so eignet sich hierzu der bekannte Apparat nach Malassez.

Figur 2. Junges, nicht erkranktes, etwa 5 Monate altes Kaninchen.

Figur 3. Allgemeinsyphilitisches, von demselben Wurf stammendes, also gleichalteriges Kaninchen.

Am 8. November 1909 hatten vier junge, etwa 2 Monate alte Kaninchen je 2 ccm einer spirochätenhaltigen „Hodenemulsion" intravenös (in die Ohrvene) injiziert erhalten. Bis zum 25. Januar 1910 zeigte keines dieser Tiere irgendwelchen pathologischen Befund. Am 1. Februar 1910 aber sahen zwei Tiere etwas struppig aus und waren deutlich kleiner als die anderen beiden Tiere. Am 15. Februar 1910 hatte sich der Befund vom 1. Februar 1910 bedeutend verstärkt; es bestand ein großer Unterschied zwischen den zwei Tieren, die klein, im Wachstum zurückgeblieben, struppig und abgemagert erscheinen (Fig. 3) gegenüber den beiden anderen, die weit größer und kräftiger sind, in gutem Ernährungszustande sich befinden und ein glänzendes glattes Fell besitzen (Fig. 2). Am 19. Februar 1910 (also 95 Tage nach der Impfung) konnte bei dem einen dieser abgemagerten und struppigen Kaninchen (Fig. 3), einem Weibchen, noch folgender Befund erhoben werden: Das Kaninchen schniefte durch die Nase und hatte leichten schleimigen Ausfluß aus derselben. In diesem Sekret finden sich vereinzelte typische Pallidae. Gleichzeitig fand sich bei diesem und später auch bei dem anderen gleichfalls abgemagerten Kaninchen noch andere manifeste luetische Symptome wie Nasentumoren (s. Tafel XXII, Fig. 1), Schwanztumoren und eine luetische Keratitis. Die beiden anderen Tiere, darunter Fig. 2 dieser Tafel, wurden größer und sahen immer gut und wohlgenährt aus.

TAFEL XXII.

Figur 1. Typische Nasentumoren bei einem jungen, intravenös geimpften Kaninchen (frei präpariert).

Das Kaninchen, von dem diese Photographie stammt, ist das auf Tafel XXI unter Fig. 3 abgebildete, stark abgemagerte Tier. Am 19. Februar 1910, 95 Tage nach der intravenösen Impfung mit spirochätenreicher Hodenemulsion, fanden sich außer einer spirochätenhaltigen Keratitis und Rhinitis noch über den Nasenbeinen jederseits ein rundlicher Höcker, der etwa 1 cm Durchmesser und $3/4$ cm Höhe besaß. Diese Höcker waren von derb-elastischer Konsistenz und mit der Unterlage fest und unverschieblich verbunden. Die Oberfläche dieser Tumoren war glatt und gleichmäßig gerundet; die äußere Haut ließ sich überall von ihr abheben. Das Tier wurde getötet.

Nach Durchtrennung der äußeren Haut und nach stumpfem Abpräparieren derselben von der Unterlage bzw. von dem Tumor zeigten sich zwei halbkugelige, durch eine 5 mm breite Brücke verbundene Tumoren, jeder von der Größe einer halben Haselnuß. Ihre Oberfläche war glatt und glänzend, von bräunlich-grauer Farbe, man sah hier feine Gefäßverästelungen. Das Gewebe dieser Tumoren war von derb-elastischer Konsistenz und von etwas glasiger, leicht durchscheinender Beschaffenheit. Der Überzug und das Periost der Knochen ging in die Geschwulst über.

Die Exstirpation dieser Tumoren ließ sich nach einigen wenigen Schnitten größtenteils stumpf vornehmen. Auf dem Durchschnitt fand sich eine bräunlich-graue, etwa 3 mm breite Rindenschicht, die mit einer zackigen Grenze in ein grauweißes Zentrum überging. Die Konsistenz der beiden Schichten bot keinen Unterschied. Bei dem Durchschnitt des rechten Knotens fand sich die weiße Substanz in geringerer Ausdehnung vor und war hier erweicht.

Im Punktions- bzw. Quetschsaft aus diesem Nasentumor, der von zäher, fadenziehender Konsistenz war, fanden sich massenhaft typische Pallidae.

Figur 2. Typische Nasentumoren eines jungen allgemein-syphilitischen Kaninchens (frei präpariert).

Kaninchen 616, 3 Wochen alt, erhielt am 21. Dezember 1910 1 ccm einer spirochätenhaltigen Hodenemulsion (von Kaninchen 450, X. Passage) intrakardial injiziert. Am 15. Februar 1911 fühlte man von den knöchernen Nasenöffnungen beiderseits eine leichte halbkugelige Anschwellung. Das Tier war abgemagert und sah struppig aus. Am 3. März 1911 war hier unter der Haut ein über haselnußgroßer Tumor von unregelmäßiger Oberfläche entstanden, bei dem sich aber, wenn auch nicht so deutlich wie bei Fig. 1, zwei Hälften palpieren ließen. Am 3. März 1911 war auch an der linken Oberlippe ein papulo-ulzeröses Syphilid entstanden. Am 11. März 1911 wurde das Tier getötet und der Tumor in der hier abgebildeten Weise frei präpariert.

Figur 3 und 4. Syphilitische Nasentumoren bei einem jungen, mit tierischem syphilitischen Virus geimpften Kaninchen (frei präpariert).

Dieses Kaninchen war am 17. August 1910, etwa 8 Tage alt, mit 1 ccm einer spirochätenhaltigen Hodenemulsion (von Kaninchen 341) intrakardial geimpft worden. 3 Monate später, am 15. November 1910, bot dieses Tier folgenden Befund: Das Schwanzende war in einer Länge von etwa $2\frac{1}{2}$ cm verdickt, von derb-elastischer Konsistenz und an einer Stelle leicht ulzeriert. An beiden Nasenöffnungen fanden sich zwei etwa erbsengroße, miteinander verwachsene, rundliche Tumoren von derb-elastischer Konsistenz. Das rechte Nasenloch war durch eine derbe, feuchte Borke fast vollkommen verstopft, aus dem anderen floß ein weißlich-gelbes Sekret, in dem vereinzelte Spirochäten nachweisbar waren. Nach Abheben der Borke fanden sich auch im Sekret des rechten Nasenlochs Spirochaetae pallidae. Ein ähnliches weißgelbes Sekret fand sich in den Lidspalten und war, aus den Augenwinkeln herab-geflossen, unterhalb des unteren Augenlides zu einer derben Borke angetrocknet. Das Tier schniefte. Am 20. November 1910 waren die beiden Nasentumoren, in deren zähem, aber klarem Punktionssaft sich ebenfalls zahlreiche Pallidae fanden, entschieden größer geworden; auch zeigte das Tier stärkere Atemnot. Es bestand eine typische syphilitische Paronychie (s. Tafel XXVIII, Fig. 3 und 4). Das Tier war stark abgemagert. Am 26. November 1910 morgens lag das Tier unter heftigen Atembeschwerden im Sterben. Es wurde getötet, die Nasentumoren frei präpariert und von vorne (Fig. 3) und seitlich (Fig. 4) photographiert.

TAFEL XXIII.

Figur 1. Syphilitische Tumoren in der Haut über der Nasen-
gegend bei einem jungen Kaninchen (Haare abgeschnitten).

Kaninchen 671, ca. 14 Tage alt, erhielt am 4. Januar 1911 von einer
spirochätenhaltigen Hodenaufschwemmung (von Kaninchen 462, XI. Passage)
1 ccm intrakardial injiziert. Am 27. Februar 1911 war das Tier sehr matt,
struppig und stark abgemagert; gleichzeitig bestand starke Atemnot. Auf
beiden Seiten der Nase fand sich, etwas über den Nasenlöchern beginnend
und sich fast bis an die inneren Augenwinkel erstreckend, je ein ca. markstückgroßer, flacher, ovaler Tumor mit gefelderter, höckeriger, aber völlig
intakter Oberfläche. Der Punktionssaft aus diesem Tumor war fadenziehend
und klar und enthielt zahlreiche typische Pallidae. Unter diesen Tumoren
der Haut fühlte man an beiden Nasenöffnungen je einen charakteristischen
„Nasentumor". Es bestand starke Koryza (+ Spirochäten). Kurze Zeit
darauf traten bei diesem Tier syphilitische Tumoren am Schwanz, am Unterschenkel und an den Lidrändern auf.

Figur 2. Syphilitische Nasentumoren bei einem jungen Kaninchen, das von einer während der Schwangerschaft syphilitisch
infizierten Mutter geboren wurde (frei präpariert). (Übergang der
Spirochaeta pallida durch die Plazenta in den Foetalkreislauf.)

Am 20. Januar 1911 erhielten drei schwangere Kaninchen (Nr. 653, 654
und 655) je 10 ccm einer Hodenemulsion (von Kaninchen 558) intravenös
injiziert. Am 15. Februar 1911 warf Kaninchen 654 vier gesunde Junge,
desgleichen am 19. Februar 1911 Kaninchen 655 zwei gesunde und ein totes.
Die Muttertiere zeigten keinerlei syphilitische Manifestationen. Am 15. März 1911
erhielten drei der Jungen von 654 je 1 ccm Hodenemulsion intrakardial; desgleichen ein Kaninchen von Mutter 655 und zwei normale gleichalterige
Junge als Konrolle je 1 ccm. Am 2. Juli 1911 wies das nicht nachgeimpfte
Kaninchen von Mutter 655 einen typischen syphilitischen Nasentumor
(+ + Spirochäten) auf, während das nicht geimpfte von Mutter 654 gesund
war. Am 13. Mai 1911 fand sich bei den nicht geimpften Kaninchen von 655
ein mächtiger Nasentumor und ein beginnender typischer Schwanztumor.
Am 17. Mai 1911 starb dieses Kaninchen unter Zeichen heftiger Atemnot,
und zwar, wie sich bei der Sektion ergab, infolge Verschlusses der Choanen
durch Wucherung dieser Tumoren in die Tiefe. Frei präpariert ergab sich, wie
die Figur zeigt, noch außerdem, daß hier drei und nicht, wie gewöhnlich,
nur zwei Tumoren aufgetreten waren. Es fanden sich in allen drei Tumoren
zahlreiche lebende Pallidae. Die Mütter dieser jungen Tiere wiesen übrigens
zur Zeit der Erkrankung ihrer Jungen sämtlich ebenfalls typische manifeste
Symptome einer Allgemeinsyphilis auf (s. Taf. XXVIII, Fig. 2 und 3).

Figur 3. Syphilitischer Nasen-, Augenlid- und Ohrtumor bei einem jungen allgemeinsyphilitischen Kaninchen.

Kaninchen 439 und 440 waren am 28. September 1910 im Alter von sechs Tagen mit 1 ccm spirochätenhaltiger Hodenemulsion (von Kaninchen 400, 367 und 369) intrakardial geimpft worden. Am 15. November 1910, also schon nach etwa sieben Wochen, fand sich bei dem einen Kaninchen, Nr. 439, auf dem Scheitel eine kleine, linsengroße, nicht ulzerierte, dicke, derbe Papel, in deren zähem Punktionssaft sich massenhaft Pallidae fanden. Bei dem anderen Kaninchen Nr. 440 saß auf der rechten Wange eine kleine, trockene, braungelbe Borke, nach deren Abnahme ein kreisrundes Geschwür mit steilen, leicht verdickten Rändern zutage trat. Im Quetschsaft aus diesem Geschwür fanden sich zahlreiche Pallidae. Bei dem dritten, von derselben Mutter gleichzeitig geborenen Kaninchen, Nr. 441, konnten wir auch in der Folgezeit keinerlei Krankheitserscheinungen feststellen. Am 21. November 1910 waren bei den Kaninchen 439 und 440 an diesen Stellen nur noch trockene Borken nachweisbar. Das eine Kaninchen Nr. 440 schniefte etwas und hatte geringen Nasenausfluß, in dem sich aber vereinzelte Spirochäten fanden. Am 28. November 1910 waren bei beiden Tieren deutliche linsengroße Nasentumoren in genau derselben Weise wie in den bisher beschriebenen Fällen aufgetreten. Beide Tiere hatten starken, spirochätenhaltigen Nasenausfluß und schnieften. Kaninchen 439 wies jetzt auch einen beginnenden Schwanztumor auf und hatte außerdem auf dem Rücken Haarausfall, der eine Stelle von etwa 5 cm Breite und 10 cm Länge einnahm. Kaninchen 440 zeigte an der rechten Seite der Oberlippe eine derbe, erbsengroße Papel, deren Punktionssaft zahlreiche Spirochäten enthielt. Am 5. Dezember 1910 wurde folgender Befund erhoben (Fig. 3): Kaninchen 439: Haarausfall fast völlig durch neue Haare ausgeglichen. Die Augen sezernieren sehr stark, im Sekret Pallidae. An jedem oberen Augenlid findet sich eine etwa linsengroße Verdickung, in deren zähem Punktionssaft sich massenhaft Spirochäten nachweisen lassen. Die Nasentumoren sind sehr deutlich und buchten die äußere, intakte Haut vor. Starkes spirochätenhaltiges Nasensekret. An der rechten und linken Ohrwurzel findet sich eine kleinfingerkuppengroße Verdickung, die ebenfalls massenhafte Pallidae enthalten. Am Schwanzende sitzt ein länglicher, derbelastischer Tumor, in dessen Punktionssaft zahlreiche Pallidae nachweisbar sind (Fig. 4).

Figur 4. Typischer syphilitischer Schwanztumor bei einem allgemein syphilitischen jungen Kaninchen (Haare abgeschnitten).

Diese Figur zeigt den bei Fig. 3 beschriebenen charakteristischen Schwanztumor.

TAFEL XXIV.

Figur 1 und 2. Allgemeinsyphilitisches junges Kaninchen mit papulo-ulzerösen Syphiliden im Gesicht und an den Ohrwurzeln.

Kaninchen 440 war mit Kaninchen 439 am 28. September 1910 intrakardial geimpft worden. Am 9. Dezember 1910 bot dieses Tier folgenden Befund: Starke Sekretion der Augen; das Sekret, in dem sich spärliche Pallidae fanden, trocknete zu gelblichen Borken in der Umgebung der Augenlider an. Am linken Augenlid, auf der linken Nasen- und Wangengegend sowie an der rechten Oberlippe und an der linken Ohrwurzel (Fig. 1) findet sich je ein linsen- bis fingernagelkuppengroßer, derber, zentral leicht ulzerierter, braunroter, spirochätenhaltiger Tumor. An der rechten Ohrwurzel sind zwei etwas größere derartige Syphilide entstanden (Fig. 2). Auch hier wieder typischer Nasen- und Schwanztumor und außerdem Verdickung des Endgliedes (Paronychie) der linken kleinen Zehe, deren Nagel aus dem leicht ulzerierten und mit feinen Schüppchen bedeckten Nagelbett (+ Spirochäten) ohne Mühe herausgezogen werden kann. Das Tier ist stark abgemagert.

TAFEL XXV.

Figur 1. Charakteristische syphilitische Krankheitserscheinungen im Gesichte und am Ohr eines erwachsenen allgemein syphilitischen Kaninchens.

Kaninchen 654, gravid, erhielt am 20. Januar 1911 je 10 ccm einer spirochätenhaltigen Hodenemulsion (Hoden von Kaninchen 558, XI. Passage) in die Ohrvene injiziert. Am 28. März 1911 fanden sich im Gesicht und am Ohr dieses Tieres, und zwar an den Stellen, die das Bild zeigt, vier runde oder ovale derbe, zentral ulzerierte, bzw. mit dünnen braunroten, ziemlich festsitzenden Borken bedeckte Tumoren, in deren Quetschsaft sich zahlreiche Pallidae fanden. An beiden Außenseiten der Unterschenkel (Kniegegend) waren außerdem je zwei zehnpfennigstückgroße ulzerokrustöse Syphilide entstanden. Oberhalb der Scheide und am After fanden sich je zwei über linsengroße ähnliche derbe Tumoren, die ebenfalls zentral erodiert waren und massenhaft Spirochäten enthielten. Gleichzeitig bestand ein geringfügiger, eben beginnender Schwanztumor.

Figur 2. Typische syphilitische Tumoren im Gesichte eines jungen allgemeinsyphilitischen Kaninchens.

Kaninchen 612 erhielt am 21. Dezember 1912 im Alter von 3 Wochen 2 ccm Hodenemulsion (Hoden von Kaninchen 450, X. Passage) intrakardial injiziert. Am 1. März 1911 bot es folgenden Befund: Mächtiger, beinahe walnußgroßer Nasentumor, mit äußerer Haut nicht verwachsen, linkes Nasenloch verschlossen, Koryza; links starker Augenausfluß. Über dem Nasentumor sitzt rechts in der Haut ein ca. pfenniggroßer Tumor, der in der Mitte ulzeriert ist. Desgleichen ein etwas kleinerer, nicht ulzerierter an der rechten Ohrwurzel und ein linsengroßer am rechten oberen Augenlid. Die linke äußere Zehe ist am Nagelbett verdickt und gerötet; im Punktionssaft aus dieser Stelle lassen sich spärliche Pallidae nachweisen. Schwanztumor in der Mitte des Schwanzes.

TAFEL XXVI.

Figur 1. Großes primäraffektähnliches ulzero-krustöses Syphilid am rechten oberen Augenbogen eines erwachsenen allgemeinsyphilitischen Kaninchens.

Kaninchen 1919 hatte am 20. Juni 1911 5 ccm einer spirochätenhaltigen Hodenemulsion intravenös erhalten. Am 25. Juli 1911 waren in beiden Hoden periorchitische Knötchen und eine starke rechtsseitige Keratitis luetica profunda aufgetreten. Am 3. August 1911 waren beide Hoden normal, auf dem rechten Augenlid fand sich aber ein ca. markstückgroßes Geschwür mit wallartig verdickten, Spirochäten enthaltenden Rändern, das von einer dicken festhaftenden Borke bedeckt war. Gleichzeitig bestand noch eine starke Keratitis profunda an diesem Auge.

Figur 2. Keratitis syphilitica und typische syphilitische Papel über dem linken Augenlid eines jungen allgemeinsyphilitischen Kaninchens.

Kaninchen 614 wurde am 21. Dezember 1910 im Alter von 3 Wochen mit 2 ccm Hodenemulsion (Hoden von Kaninchen 450, X. Passage) intrakardial geimpft. Am 4. Februar 1911 war dieses Tier abgemagert und wies einen beginnenden Nasentumor und eine Keratitis luetica superficialis auf. In der Folgezeit verstärkten sich diese Symptome und am 18. Februar 1911 fand sich links eine starke Keratitis profunda mit charakteristischer Perikornealinjektion, ca. 7 mm breitem Pannus und diffuser Trübung der Kornea. Der Nasentumor war dagegen wesentlich zurückgegangen, aber über dem linken oberen Augenlid war eine etwa linsengroße, zentral erodierte syphilitische Papel aufgetreten.

Figur 3. Syphilitisches Rezidiv in Form einer Keratitis superficialis bei einem erwachsenen allgemeinsyphilitischen Kaninchen.

Kaninchen 624 war am 21. Dezember 1910 und am 4. Januar 1911 mit größeren Mengen spirochätenhaltiger Hodenemulsion intravenös geimpft worden. 53 Tage nach der letzten Impfung war bei ihm eine typische rechtsseitige Keratitis syphilitica profunda aufgetreten. 14 Tage später war dieses Auge wieder vollkommen klar, nach weiteren 28 Tagen aber, am 13. April 1911, fand sich auf beiden Augen eine starke, typische, oberflächliche Keratitis syphilitica (+ Spirochäten im Geschabe), bzw. ein Rezidiv der rechtsseitigen Augenerkrankung.

TAFEL XXVII.

Figur 1. Papulo-ulzeröse Syphilide an der rechten Ohrwurzel eines jungen allgemeinsyphilitischen Kaninchens.

Kaninchen 909 war am 30. April 1911 im Alter von ca. 14 Tagen mit 1 ccm syphilitischem Hodenvirus intrakardial gespritzt worden. Am 5. August 1911 traten bei diesem Tier typische Nasentumoren und am 14. August 1911 zwei ovale, etwas über linsengroße, konfluierende, ulzerierte Papeln an der rechten Ohrwurzel auf.

Figur 2. Syphilitische Paronychie bei einem jungen allgemeinsyphilitischen Kaninchen.

Dieses Kaninchen war am 17. August 1910 mit 1 ccm spirochätenhaltiger Hodenemulsion intrakardial geimpft worden und etwa 3 Monate später an einem syphilitischen Schwanz- und Nasentumor erkrankt. Gleichzeitig bot es noch folgenden Befund: An den beiden äußeren Zehen des linken Hinterfußes waren die ersten Glieder, an der kleinen Zehe auch das Mittelglied kolbig verdickt, haarlos und von bläulich-roter Farbe. Diese Verdickungen hatten eine leichtelastische Konsistenz und enthielten massenhafte Pallidae. Die Oberfläche dieser Auftreibungen war etwas ulzeriert. Von der Kralle war an der kleinen Zehe nur noch ein kleiner, bröckeliger Stumpf vorhanden, die Kralle der anderen Zehe war gelockert und konnte leicht abgehoben werden. Das Nagelbett selbst war bei beiden Zehen ebenfalls ulzeriert und mit gelblich weißen, kleinen trockenen Schüppchen bedeckt. In derselben Weise war auch die rechte große Zehe erkrankt. Es bestand also eine typische syphilitische Paronychie.

Figur 3. Kleine ulzerierte Papeln am rechten oberen Augenbogen eines jungen allgemeinsyphilitischen Kaninchens.

Kaninchen 910 war am 30. Juni 1911 in einem Alter von etwa 3 Monaten mit 1 ccm syphilitischer Hodenaufschwemmung intrakardial gespritzt worden. Am 14. August 1911 fanden sich außer zwei etwa hirsekorngroßen, derben, zentral leicht ulzerierten spirochätenhaltigen Tumoren am rechten oberen Augenbogen keinerlei syphilitische Manifestationen. Auch in der Folgezeit zeigten sich keine weiteren luetischen Krankheitserscheinungen. Daraus, daß diese selbst nur etwa 5 Tage lang bestanden und dann spontan abheilten, geht hervor, daß man die geimpften Tiere genauestens untersuchen muß, um keine Befunde zu übersehen.

$$\text{TAFEL XXVIII.}$$

Figur 1. Papulo-ulzeröses Syphilid auf der rechten Wangenseite eines jungen allgemeinsyphilitischen Kaninchens.

Kaninchen 440 war am 28. September 1910 im Alter von 6 Tagen mit
spirochätenhaltiger Hodenemulsion intrakardial geimpft worden. Nach
7 Wochen, am 15. Februar 1910, fand sich an der rechten Wangenseite ein etwa
linsengroßer, derber, aber flacher Tumor, der in seiner Mitte eine dünne bräun-
liche, festhaftende Borke trug. Nach deren Entfernung trat ein kreisrundes
oberflächliches Geschwür zutage, dessen Ränder scharf geschnitten und leicht
verdickt waren. Im Quetschsaft fanden sich zahlreiche lebende Pallidae.

Figur 2. Papulo-ulzeröse Syphilide an der Scheide u. am After-
rande eines erwachsenen allgemeinsyphilitischen Kaninchens.

Figur 3. Syphilitische Paronychie des linken Hinterlaufs bei
demselben Kaninchen.

Kaninchen 655 hatte am 20. Januar 1911 während der Gravidität 10 ccm
einer spirochätenhaltigen Hodenaufschwemmung intravenös erhalten. Am
15. März 1911 bot sich bei diesem Tier folgender Befund: Auf dem rechten
Auge befand sich eine typische Keratitis syphilitica superficialis. Am oberen
und unteren Augenlid beiderseits bestanden etwa linsengroße, flache, derbe
Knötchen, die Spirochäten enthielten. An der linken Ohrwurzel fand sich
auf der Außenseite ein kleinfingerkuppengroßer nicht ulzerierter, derb elastischer Tumor, dessen fadenziehendes Sekret massenhaft typische Pallidae enthielt. Außerdem waren noch der zirkumskripter Haarausfall, ein zirzinäres
Syphilid und luetische Ulzerationen an den Extremitäten vorhanden. An
beiden Zehen des linken Hinterfußes waren die Krallen verschwunden, die
Endglieder der Zehen kolbig aufgetrieben und ulzeriert, desgleichen das
Mittelglied der kleinen Zehe. Der Punktionssaft dieser, Paronychien
ähnlichen Krankheitsprodukte enthielt typische Pallidae (Fig. 3). Direkt
oberhalb der Scheide fanden sich drei erbsengroße papulo-ulzeröse Syphilide,
ein gleiches am Afterrand (Fig. 2). Der ganze Schwanz wies derbe papulo-
ulzeröse bzw. krustöse Syphilide auf.

Figur 4. Syphilitische Paronychien an den Vorderläufen eines
jungen, nach intraperitonealer Impfung syphilitisch erkrankten
Kaninchens.

Am 17. Februar 1911 erhielten drei 8 Tage alte Kaninchen je 2 ccm einer
Hodenemulsion (Hoden von Kaninchen 547 und 555, XI. Passage) intra-
peritoneal injiziert. Am 19. Februar 1911 starb das eine Kaninchen; Spirochäten wurden in der Bauchhöhlenflüssigkeit nicht gefunden. Am 17. März 1911
zeigten die beiden überlebenden jungen Kaninchen, Nr. 890 und 891, keinerlei
pathologische Befunde. Am 13. April 1911 sahen beide Tiere leicht struppig
aus. Am 19. April 1911 fanden sich bei Kaninchen 891 typische Paronychien
an den Zehen beider Vorderläufe.

— 44 —

IV. Histopathologie der syphilitischen Krankheitsprodukte des Kaninchens.

TAFEL XXIX[1]).

Figur 1. Randabschnitt aus einer periorchitischen Platte von Kaninchen 133.

Muzinös degeneriertes Bindegewebe von kleinen Infiltrations- und Nekroseherden durchsetzt. Die dunkeln Streifen sind in fibrillärem Zerfall begriffene glatte Muskelfasern. Obj. aa. Ok. 4.

Figur 2. Übersichtsbild aus der Randzone eines syphilitisch erkrankten Hodens von Kaninchen 155.

Im unteren Teile des Gesichtsfeldes muzinös degeneriertes Bindegewebe mit perivaskulären Infiltraten, Nekrosen und Infiltrationsherden. Am konvexen oberen Rande des Schnittes in der Mitte knötchenförmige, lymphoide Infiltrationsherde, an beiden Seiten schmale diffuse lymphoide Infiltration. Obj. 35 mm.

Figur 3. Ausschnitt aus dem Bezirk der knötchenförmigen Infiltrationsherde des vorigen Präparates, stärker vergrößert.

In einigen Knötchen ist der epithelioide Charakter der zentralen Abschnitte erkennbar. Obj. aa. Ok. 1.

Figur 4. Aus dem zentralen Abschnitt des syphilitisch erkrankten Hodens von Kaninchen 155.

Muzinös degeneriertes Bindegewebe mit zahlreichen perivaskulären lymphoiden Infiltraten. Obj. aa. Ok. 1.

Figur 5. Aus dem zentralen Abschnitt einer syphilitischen Orchitis von Kaninchen 194.

In der linken Hälfte des Gesichtsfeldes muzinös degeneriertes Bindegewebe, in der rechten zellig infiltriertes Gewebe mit Kerntrümmern und Nekroseherdchen. Obj. aa. Ok. 4.

Figur 6. Ein Abschnitt des muzinös degenerierten Gewebes aus dem vorigen Präparat, stärker vergrößert.

Zwischen den spindel- und sternförmigen Zellen erkennt man hier und da Plasmazellen. Obj. 4 mm. Ok. 2.

---

[1]) Die auf den folgenden 3 Tafeln, XXIX, XXX und XXXI wiedergegebenen Photogramme sind nach Originalpräparaten unseres Mitarbeiters Max Koch in Berlin angefertigt worden.

TAFEL XXX.

Figur 1. Übersichtsbild aus dem syphilitisch erkrankten Hoden von Kaninchen 1, der ein ca. hanfkorngroßes Syphilom enthält.

In der Randzone stellenweise in Degeneration begriffene Hodenkanälchen. Obj. 3,5 mm. Ok. 2.

Figur 2. Übersichtsbild des periorchitischen Hodens von Kaninchen 5, über dem die Haut nicht entfernt worden ist.

Die hellen Partien sind muzinös degeneriertes Bindegewebe, die dunkleren diffuse und knötchenförmige lymphoide Infiltrate. Nach abwärts setzt sich die Veränderung nach der Hodenoberfläche fort. Obj. 3,5 mm.

Figur 3. Übersichtsbild aus dem syphilitisch erkrankten Hoden von Kaninchen 5.

Lymphoide Infiltration zwischen einigen Hodenkanälchen mit teilweiser Degeneration der letzteren. Obj. 3,5 mm.

Figur 4. Derselbe Herd, aber aus einem anderen Schnitt, stärker vergrößert.

Links oben ein Bezirk, welcher homogene Massen mit Blutpigment enthält, vermutlich von der Impfung herrührend. Obj. aa. Ok. 4.

Figur 5. Übersichtsbild aus dem syphilitisch erkrankten Hoden von Kaninchen 6, der einen ca. erbsengroßen, zentral gelegenen, ziemlich scharf begrenzten Knoten zeigt.

Die lymphoide Randschicht des letzteren ist nur sehr schmal, die Hauptmasse des Knotens wird aus muzinös degeneriertem Bindegewebe gebildet, in welchem einige rundliche und ovale Lücken als Reste von Hodenkanälchen vorhanden sind. Links von dem Knoten findet sich ein kleiner Herd von lymphoider Infiltration zwischen einigen Hodenkanälchen. Obj. 7,5 Lupenvergrößerung.

Figur 6. Übersichtsbild aus dem syphilitisch erkrankten Hoden von Kaninchen 7, der einen bohnengroßen Knoten aufweist.

Dieser Knoten wird nach links und unten durch eine ziemlich breite lymphoide Randschicht begrenzt, während sich nach rechts die lymphoide Infiltration in einzelnen Zügen zwischen die Hodenkanälchen fortsetzt. Im zentralen Abschnitt des Knotens finden sich neben muzinös degeneriertem Bindegewebe Infiltrationsherde und Gruppen mehr oder weniger degenerierter Hodenkanälchen. Vergrößerung wie vorher.

TAFEL XXXI.

Figur 1. Obliteriertes Gefäß mit breiter perivaskulärer lymphoider Infiltration.

Aus einem ulzerierten subkutanen Knoten der Skrotalhaut von Kaninchen 129. Obj. 4 mm. Ok. 2.

Figur 2. Gefäßveränderungen in dem muzinös degenerierten Bindegewebe aus dem syphilitisch erkrankten Hoden eines Kaninchens.

Dieses Tier war mit kongenitalem syphilitischem Leichenmaterial (Leber) in die Hoden geimpft worden. Obj. 16 mm. Ok. 1. Links ein total obliteriertes kleines Gefäß, rechts ein größeres Gefäß mit stark gewucherter Intima. An beiden Gefäßen perivaskuläre Infiltrate. (Lithionkarmin-Elastikafärbung nach Weigert.)

Figur 3. Riesenzellen von Langhansschem Typus.

Aus dem muzinös degenerierten Bindegewebe des Hodens von Kaninchen 6. Obj. 8 mm. Ok. 1.

Figur 4. Einige Riesenzellen aus dem vorigen Bilde stärker vergrößert. Obj. 8 mm. Ok. 2.

Figur 5. Stelle mit wenig dicht gelagerten Spirochäten.
Aus dem Hoden von Kaninchen 6. Obj. 1,8 mm Immersion. Ok. 2.

Figur 6. Spirochätenknäuel aus demselben Hoden. Obj. 4 mm. Ok. 1.

<h1 style="text-align:center">TAFEL XXXII.</h1>

Figur 1. Rückenmarksquerschnitt (mit begleitenden Wurzeln und Dura) aus dem Lumbalmark des allgemein-syphilitischen Kaninchens 323. Meningitis und Perineuritis diffusa[1]).

Diffuse Zellinfiltration der Dura und des interduralen Fettgewebes, stellenweise dichtere Ansammlung von Infiltrationszellen. (Aus Steiner, Moderne Syphilisforschung und Neuropathologie. Arch. f. Psych. Bd. 52, Heft 1.)

Figur 2. Großhirnrinde mit einem vaskulären Entzündungsherd von Kaninchen 848. Meningoencephalitis circumscripta.

In dem Übersichtsbild sind zwei dicht infiltrierte senkrecht zur Hirnoberfläche gestellte Rindengefäße sichtbar. Bei stärkerer Vergrößerung erweisen sich die Infiltrationszellen als Plasmazellen; auch an den benachbarten Kapillaren findet sich eine Infiltration mit Plasmazellen. (Aus Steiner, Moderne Syphilisforschung und Neuropathologie. Arch. f. Psych. Bd. 52, Heft 1.)

Figur 3. Übersichtsbild aus den kaudalen Partieen des Rückenmarks von Kaninchen 1090. Peridurale Entzündung und Perineuritis.

Diffuse Zellinfiltrationen im inter- bzw. periduralen Fettgewebe. Längsgetroffenes Wurzelbündel, an dessen innerer Seite beginnende perineurale zellige Infiltration (Plasmazellen), vom Fettgewebe ausgehend. (Aus Steiner, Moderne Syphilisforschung und Neuropathologie. Arch. f. Psych. Bd. 52, Heft 1.)

Figur 4. Längsschnitt durch den linken Hoden eines mit Paralytikerhirn geimpften Kaninchens (mit zwei kleinen, etwa linsengrossen, spirochätenhaltigen Syphilomen innerhalb des Parenchyms).

Kaninchen 440, von dem dieser Hoden stammt, war am 18. Juli 1913 in beide Hoden mit 2 ccm eines aus Kochsalzlösung und Gehirn (hauptsächlich Rindensubstanz des Stirnhirns und der ersten Zentralwindungen) eines Paralytikers hergestellten Organbreies geimpft worden. Der Mann, dessen Gehirn in dieser Weise verimpft worden war, litt an einer besonders frühen Paralyse und war erst etwa drei Stunden vor der Verimpfung gestorben. Am 6. September 1913, also schon nach 50 Tagen, fühlte man im linken Hoden dieses Kaninchens an der ventralen Seite eine etwa linsen- oder hanfkorngrosse derbe Stelle, deren Punktionssaft fadenziehend war und ziemlich viel lebende Pallidae enthielt (Dunkelfeld). Auf dem Durchschnitt des Hodens fand sich an der oberen Peripherie desselben noch eine weitere umschriebene, hellere, glasige Stelle, in der sich ebenfalls lebende Spirochaeten pallidae nachweisen liessen.

---

[1]) Die Präparate zu Figur 1—3 wurden von unserm Mitarbeiter Dr. Steiner hergestellt.

TAFEL XXXIII.

Figur 1—4. Mikrophotogramme von Spirochaetae pallidae, die im strömenden Blute zweier junger allgemeinsyphilitischer Kaninchen gefunden wurden. Mit Giemsalösung gefärbte Trockenpräparate; Ölimmersion.

Am 13. Dezember 1910 wurden von Kaninchen 440, das am 28. September 1910 im Alter von 6 Tagen mit spirochätenhaltigem Material intrakardial geimpft worden war und in der Folgezeit an einem syphilitischen Nasen- und Schwanztumor, papulo-ulzerösen Syphiliden der Nasen- und Wangengegend, sowie der rechten Oberlippe und der linken Ohrwurzel, und an einer syphilitischen Paronychie erkrankt war, etwa 2 ccm Blut aus der Ohrvene entnommen. Das Blut wurde in etwa 8 ccm 1,5 % iger Natriumcitricum-Lösung aufgefangen und 20 Minuten lang elektrisch zentrifugiert (4000 Umdrehungen in der Minute). Mittels einer Kapillare wurde dann die oberflächliche Schicht der Blutmasse abgesaugt und im Dunkelfeld untersucht. Es fanden sich im Präparat mehrere lange, verhältnismäßig dicke, aber ganz typisch gewundene, lebhaft nach Art der Pallida sich bewegende Spirochäten. Am 17. Dezember 1910 wurde diesem Tier und einem anderen, zu gleicher Zeit geimpften und ähnlich erkrankten wieder Blut in derselben Weise wie am 13. Dezember entnommen. In der oberflächlichen Schicht des zentrifugierten Blutes vom Kaninchen 439 und 440 konnten ziemlich zahlreiche — in jedem dritten bis vierten Gesichtsfeld ein bis zwei — Spirochäten nachgewiesen werden, die ganz den Pallidae sowohl hinsichtlich der Enge und Zahl der Windungen wie auch hinsichtlich ihrer Bewegungen glichen, aber doch dicker, beinahe etwas gequollen erschienen. Im Giemsapräparat waren sie von der Pallida nicht zu unterscheiden und zeigten auch einen rötlich-violetten Farbenton, den der eine von uns (Mulzer) als ein charakteristisches und differential-diagnostisches Zeichen für die Spirochaeta pallida beschrieben hat. Auffallend war, daß diese Spirochäten anscheinend schnell in den Präparaten zugrunde gingen, da sie einige Zeit nachher nicht wieder aufgefunden werden konnten. Im Blute eines ebenfalls gleichzeitig geimpften, aber nicht syphilitisch erkrankten Kaninchens (Nr. 441) wurden Spirochäten nicht gefunden; auch sonst wurden im Blut gesunder Kaninchen Spirochäten niemals nachgewiesen.

V. Allgemeinsyphilitische Manifestationen bei niederen Affen.

TAFEL XXXIV.

Figur 1 und 2. Syphilitische Manifestationen auf der Haut eines mit syphilitischem Kaninchenhodenmaterial intravenös geimpften niederen Affen (Allgemeinsyphilis).

Ein mittelgroßer Cercocoebus fuliginosus hatte am 8. November 1909 8 ccm einer spirochätenhaltigen Hodenemulsion (von Kaninchen 34, das mit Korneavirus von Kaninchen X, XX. Augenpassage in die Hoden geimpft worden war) intravenös erhalten. Seit dem 15. Januar 1910 schien dieses Tier auffallend abgemagert. Am 22. Januar 1910, 75 Tage nach der Impfung, ergab sich folgender Befund: In der Gegend beider Augenbrauen und auf der linken Wange, auf der Haut der rechten Kieferhalsgegend und auf der rechten Schulter fanden sich papelähnliche, teils flache, teils mehr oder weniger erhabene, linsengroße rundliche Effloreszenzen von gelb-bräunlicher Farbe; die Umgebung dieser Effloreszenzen war leicht entzündlich gerötet. Die Oberfläche dieser Papeln war mit grauweißen Schüppchen bedeckt, die ziemlich fest hafteten. Nach Abkratzen derselben erschien der Grund serös feucht und bräunlich glänzend. Hier und da kapilläre Blutung. In dem durch die Quetschmethode gewonnenen Serum konnten wir mehr oder weniger zahlreiche typische Pallidae nachweisen. Ähnliche Papeln, oft nur stecknadelkopfgroß, insgesamt etwa 14, sah man auf den Streckseiten der Arme und Beine. Auch auf dem Kopf fanden sich neben zwei etwa markstückgroßen im Scheitel konfluierenden unregelmäßig begrenzten haarlosen Stellen zwei gleiche linsengroße Papeln. Desgleichen je eine an beiden Ellenbogen; hier fehlten ebenfalls in einer etwa talergroßen Fläche sämtliche Haare.

In der Ellenbeuge beider Arme waren mehrere Herde entstanden, die einem papulo-zirzinären Syphilid des Menschen glichen. Sie wurden gebildet durch einen etwa 2 mm breiten Saum, der sich aus verschiedenen Bogenlinien zusammensetzt. Dieser etwas erhabene Saum war mit feinen weißgrauen, ziemlich festhaftenden Schüppchen bedeckt. Kratzte man diese mit dem Messer ab, so blutete der bräunlich glänzende Untergrund in der Regel nicht.

Durch Zusammendrücken der Haut an dieser Stelle trat ein Tropfen seröser Flüssigkeit zutage, in der sich mehr oder weniger zahlreiche typische Pallidae fanden. Die Randlinie zeigte einen schmalen, leicht geröteten, entzündlichen Saum, während das Innere der Herde, außer einer kleinen Farbendifferenz, vollkommen normale Haut aufwies. In der Nähe dieser Herde fanden sich einige etwa stecknadelkopfgroße Papeln. Ähnliche Herde sah man auf der Innenfläche des linken Unterschenkels.

Es bestand eine Skleradenitis universalis: Beide Kubitaldrüsen waren hart und etwa erbsengroß, ebenso einige Achseldrüsen und die Maxillar- und Nackendrüsen; von den Leistendrüsen waren beiderseits 3—4 Drüsen bis über Erbsengröße rosenkranzartig geschwollen und deutlich zu sehen und zu fühlen.

Im strömenden Blut ließen sich keine Spirochäten nachweisen; das Serum reagierte nach Wassermann positiv.

Diese Hauterscheinungen blieben etwa 10 Tage unverändert bestehen, bildeten sich aber dann in der Folgezeit langsam zurück. Nach weiteren 14 Tagen etwa waren fast alle Effloreszenzen ohne Narbe geheilt. Mit kleinen Stückchen einer exzidierten Hauptpapel waren drei Kaninchen in den linken Hoden geimpft worden. Bei einem derselben trat nach 6 Wochen ein typischer Primäraffekt der Skrotalhaut mit schwielenartigen spirochätenhaltigen Verdickungen der Tunica auf.

Nach diesen für die Syphilisforschung prinzipiell wichtigen Versuchen ist es uns also gelungen, menschliches Virus — denn das zur intravenösen und zur kutanen Impfung der Affen verwendete Kaninchenhodenmaterial stammte ursprünglich von einem syphilitischen Menschen und war durch Tierpassagen weitergeführt worden — auf Kaninchen und von da auf Affen und wiederum zurück auf Kaninchen zu verimpfen und jedesmal nach einer für Syphilis charakteristischen Inkubationszeit gleichartige typische, durch den regelmäßigen Nachweis der Spirochaeta pallida, wie durch den histologischen Befund gesicherte syphilitische Krankheitsprodukte zu erzeugen.

4*

TAFEL XXXV

Figur 1 und 2. Syphilitische Manifestationen an den Impfstellen bei einem mit syphilitischem Kaninchenvirus geimpften
niederen Affen.

Am 25. April 1911 war ein mittelgroßer Cercocebus mit Kaninchenhodenvirus der XVII. Hodenpassage an beiden Augenbögen und
an der Eichel, bzw. am Sulcus coronarius in üblicher Weise geimpft (Skarifikation, Einreiben 5 Minuten lang und Taschenbildung). Am
3. Juli 1911 fanden sich an beiden Augenbögen kleine erbsengroße, knotige,
braunrote Infiltrationen (+ Spirochäten). Penis normal. Am 15. Juli
1911 waren an beiden Augenbögen ca. daumennagelgroße, flache Ulzerationen
mit braunrotem, leicht infiltriertem Rand entstanden, in deren Quetschsaft
sich zahlreiche Pallidae fanden (Fig. 1). Im Sulcus coronarius, auf das
innere Vorhautblatt übergehend, war eine kleinfingernagelgroße Erosion
aufgetreten, in deren Quetschsaft ebenfalls massenhaft typische Pallidae
nachweisbar waren (Fig. 2).

VI. Chemotherapie der Spirochätosen.

TAFEL XXXVI.

Figur 1 und 2. Schutzwirkung des Atoxyls bei der Spirochätose der Hühner (Originalversuch Uhlenhuths 1907).

Durch diesen für die Chemotherapie der Spirillosen grundlegenden Versuch, den Uhlenhuth gemeinsam mit Groß und Bickel im Jahre 1906/07 anstellte, wird die Schutzwirkung des Atoxyls bei der Hühnerspirochätose veranschaulicht. Beide Hühner waren am gleichen Tage nachmittags um 3 Uhr durch die intramuskuläre Injektion von 1 ccm stark spirochätenhaltigen Blutes infiziert worden. Das eine Huhn, Nr. 44, machte am dritten Tag nach der Infektion einen kranken Eindruck, in seinem Blute wurden zahlreiche Spirochäten gefunden. Am 5. Tage nach der Infektion war dieses Huhn schwer krank (Fig. 1); in seinem Blute fanden sich massenhaft Spirochäten und am 7. Tage nach der Infektion starb es. Das andere, am selben Tage infizierte Huhn, Nr. 46, hatte bei der Infektion gleichzeitig und am folgenden Tage 0,05 g Atoxyl erhalten und war dauernd gesund geblieben; in seinem Blute waren niemals Spirochäten nachweisbar gewesen (s. Deutsche med. Wochenschr. Nr. 4, 1907).

Figur 3 und 4. Heilwirkung des Atoxyls bei der Spirochätose der Hühner (Originalversuch Uhlenhuths 1907).

Diese Photogramme sind nach fixierten und mit Karbolfuchsin gefärbten Präparaten vom Blute eines Huhnes (Nr. 49) hergestellt worden, das am 2. Tage nach der Infektion reichliche Mengen von Spirochäten im Blute hatte (Fig. 3). Es erhielt unmittelbar nach dieser Blutentnahme 0,05 g Atoxyl; 24 Stunden später waren nur noch sehr wenig und nach weiteren 24 Stunden überhaupt keine Spirochäten mehr (Fig. 4) im Blute nachweisbar. Die beiden nicht mit Atoxyl behandelten Kontrollhühner 44 und 40 hatten zu diesen Zeiten massenhaft Spirochäten im Blute (Deutsche med. Wochenschr. Nr. 4, 1907).

TAFEL XXXVII.

Präventivbehandlung bei Keratitis syphilitica des Kaninchen mit Atoxyl.

Die Augen der Kaninchen, Figur 1 und 2, wurden gleicherweise mit syphilitischem Hodenmaterial intraokular geimpft. Das Kaninchen (Fig. 2) wurde sofort in Atoxylbehandlung genommen (0,1 mehrere Male an verschiedenen Tagen), das Auge blieb dauernd gesund. Das Kaninchen (Fig. 1) blieb unbehandelt. Es entwickelte sich eine schwere Keratitis. (Beispiel aus zahlreichen Versuchen.)

Figur 3 und 4; Heilwirkung des atoxylsauren Quecksilbers (Uhlenhuth) auf syphilitische Hodenerkrankungen der Kaninchen.

Dieses Kaninchen wies am 15. August 1910 eine beiderseitige derb-elastische Orchitis diffusa und zwei typische Primäraffekte mit stark infiltrierter Randzone auf. Die beide Geschwüre bedeckende Kruste war ziemlich dick und saß auf der Unterlage fest auf. In der Randpartie dieser Geschwüre sowohl wie im zähen Punktionssaft aus den Hoden fanden sich massenhaft typische Pallidae (Fig. 3). Es erhielt 0,06 atoxylsaures Quecksilber intramuskulär. Am 16. August 1910 war bei diesem Tier die derb infiltrierte Randzone der Geschwüre teilweise noch erhalten, an einigen Stellen aber bereits geschwunden. Die Hodentumoren selbst waren bedeutend weicher geworden. Während hier der Punktionssaft nur noch schwach fadenziehend war und nur wenige unbewegliche, meist leicht deformierte, kurze Spirochäten enthielt, war der Punktionssaft aus den noch verdickten Randpartien noch fadenziehend und enthielt lebende, gut erhaltene Spirochaetae pallidae, wenn auch entschieden nicht mehr in so großer Anzahl wie am Tag vorher. Die Krusten schienen besonders am Rand des Geschwürs etwas gelockert. Die Temperatur war normal. Am 17. August 1910 waren bei diesem Kaninchen beide Hodentumoren bis auf einen ganz kleinen zentralen Herd geschwunden. Hier fanden wir jedoch ebenso wie in den übrigen anscheinend normalen Hodenpartien in dem dünnflüssigen Punktionssaft keine Spirochäten mehr. Während links die Ränder des Geschwürs nicht mehr infiltriert waren, fand sich bei dem rechten Geschwür lateral noch ein schmaler, etwas derber Randsaum, in dessen noch etwas zähen Punktionssaft sich hin und wieder einige anscheinend unbewegliche, aber doch gut erhaltene Spirochäten fanden. Die Borken begannen sich abzustoßen. Am 18. August 1910 war auch der Rest der Randpartie vollkommen geschwunden; Spirochäten wurden nicht mehr gefunden. Am 20. August 1910 starb dieses mit atoxylsaurem Quecksilber behandelte Tier. Es war in den letzten Tagen etwas abgemagert. Das Geschwür rechts war bis auf eine linsengroße, kaum wahrnehmbare Borke vollständig geschwunden, links zeigte sich nur noch ein kleiner oberflächlicher Rest, dessen Abklatschpräparat keine Spirochäten enthielt. Im Hoden fanden sich keine Spirochäten mehr (Fig. 4). In gleicher Weise verliefen Versuche mit Atoxyl.

Figur 5 und 6. Heilwirkung des Salvarsans (Ehrlich) auf syphilitische Hodenerkrankungen der Kaninchen.

Dieses Kaninchen wies am 15. August 1910 eine ähnliche Hodenerkrankung wie das mit atoxyl-sauerm Hg behandelte Tier auf, nämlich eine doppelseitige Orchitis diffusa und beiderseitige, an der Einstichstelle lokalisierte, etwa 2 cm lange und 1½ cm breite, tiefe Geschwüre mit geringer Randinfiltration (Fig. 5). Es erhielt 0,3 Salvarsan (E.-H. 606) in neutraler Emulsion in beide Hinterschenkel injiziert. Im zähen Punktionssaft aus den derb elastischen Hodentumoren sowohl wie aus der Randzone der Geschwüre fanden sich massenhaft bewegliche Spirochäten, desgleichen im Abklatschoberflächenpräparat. Am 16. August 1910 waren die Hodentumoren deutlich erweicht und die allerdings an und für sich verhältnismäßig nur geringfügig infiltrierte Randpartie der Geschwüre vollkommen geschwunden. Der Punktionssaft war, aus verschiedenen Stellen der Hoden entnommen, überall dünnflüssig, nicht fadenziehend und enthielt keine Spirochäten mehr. Die Geschwüre selbst schienen unverändert, doch waren im Abklatschpräparat keine Spirochäten mehr nachweisbar. Am 17. August 1910 waren die Hoden bei diesem Tier fast vollkommen erweicht, nur in der Mitte konnte man noch je einen kleinen, etwa linsengroßen derben Tumor feststellen. Der diesen Stellen entnommene Punktionssaft war aber ebenso wie der aus anderen Partien des Hodens dünnflüssig und enthielt keine Spirochäten. Die beiden Geschwüre waren kleiner geworden, die Oberfläche erschien gereinigt, kurz sie zeigten entschieden eine starke Heilungstendenz. Am 18. August 1910 fanden sich nirgends mehr Spirochäten; beide Geschwüre waren bedeutend verkleinert. Am 20. Aug. 1910 waren beide Geschwüre bis auf kleine, etwa linsengroße flache Ulzerationen abgeheilt. Nirgends mehr fanden sich Spirochäten (Fig. 6). Am 28. August 1910 war das mit Salvarsan behandelte Tier vollkommen geheilt. Die Hoden waren von normaler Größe und Konsistenz, der Punktionssaft nicht fadenziehend, fast klar und enthielt keine Spirochäten.

<hr>

TAFEL XXXVIII.

Figur 1 und 2. Heilwirkung des atoxylsauren Quecksilbers (Uhlenhuth) auf syphilitische Hodenerkrankungen des Kaninchens.

Am 29. August 1910 erhielt Kaninchen 347, 2600 g, das am 11. Juni mit virulentem Hodenmaterial in den linken Hoden geimpft worden war und am 23. Juli einen etwa zehnpfennigstückgroßen Primäraffekt der Skrotalhaut aufwies, 0,08 atoxylsaures Quecksilber. Das Geschwür hatte sich bis Markstückgröße ausgebildet und war mit einer dicken, festsitzenden Borke bedeckt. Es war lediglich auf der Skrotalhaut lokalisiert und hatte eine Dicke von ca. $^3/_4$ cm. In dem zähen Punktionssaft der wallartigen Randverdickung fanden sich zahlreiche typische Pallidae. Am 30. August 1910 war die wallartige Randverdickung auf der lateralen Seite gänzlich geschwunden, ebenso war die verdickte Skrotalhaut derartig verändert, daß das Geschwür hier nur aus der Borke und einem dünnen Geschwürsgrund bestand. Weder hier noch in der geringen Menge Punktionssaft, der aus der restierenden Randpartie gewonnen werden konnte, liessen sich Spirochäten nachweisen. Am 31. August 1910 erschien das Geschwür bedeutend verkleinert. Die Borke haftete zwar noch fest, aber jede Verdickung, bzw. das für die Anwesenheit von Spirochäten so charakteristische derb-elastische Gewebe fehlte. Das Geschwür war beinahe kartenblattdünn und bestand nur aus Borke und Skrotalhaut. Spirochäten fanden sich nicht. Am 1. September 1910 war im allgemeinen derselbe Krankheitszustand zu konstatieren. Am 3. September 1910 wurde die Kruste entfernt. Im Abklatschpräparat der Kruste sowohl wie der unter derselben befindlichen Geschwürsfläche fanden sich keine Spirochäten. Am 5. September 1910 war eine neue, aber ganz oberflächliche leicht ablösbare Kruste entstanden. Keine Spirochäten. Allgemeinbefinden des Tieres gut. Am 15. Sept. 1910 nur noch kleine dünne, leicht entfernbare Borke. Am 20. September 1910 Tier vollkommen geheilt (Fig. 2), aus dem Versuch entlassen.

Figur 1 und 2. Heilwirkung des Salvarsans (Ehrlich) auf syphilitische Hodenerkrankungen der Kaninchen.

Am 29. Aug. 1910 wurde ein Kaninchen von 2500 g, das am 11. Juni 1910 mit virulentem Hodenmaterial in den linken Hoden geimpft worden (Nr. 346) und hier am 26. Juli 1910 einen markstückgroßen, mit festsitzender dicker, tief dunkelbrauner, fast schwarzer Borke und schmalem, induriertem Randsaum versehenen typischen Primäraffekt der linken Skrotalhaut aufwies, mit 0,3 Salvarsan in üblicher Weise behandelt. Außer diesem Geschwür fand sich rechts auf der nicht geimpften Seite, der Lage des Nebenhodens entsprechend, eine etwa kleinfingerkuppengroße, unregelmäßig gestaltete, periorchitische Schwiele, die mit der Skrotalhaut verwachsen war (Fig. 1.) Da auch links gleichzeitig eine Leistendrüse etwa linsengroß geschwollen war, muß man wohl annehmen, daß dieses Tier allgemein, also besonders schwer erkrankt war. Am 30. August 1910 ergab sich folgender Befund: Die verdickte Randpartie des Primäraffektes war fast vollkommen geschwunden: in dem nur mit Mühe zu erhaltenden geringen Punktionssaft, der nicht mehr fadenziehend war, fanden sich keine Spirochäten mehr. Die Kruste saß noch fest am Geschwür, das in seiner Ausdehnung nicht verändert war. Dagegen hatte sich die periorchitische Schwiele auf der rechten Seite weder hinsichtlich ihrer Größenverhältnisse noch hinsichtlich ihrer Konsistenz irgendwie geändert; in dem noch zähen Punktionsrest fanden sich gut formerhaltene, allerdings wenig bewegliche Spirochäten. Die Drüse war kaum noch zu fühlen. Am 31. Aug. 1910 war das Geschwür ganz flach und jegliche Randverdickung geschwunden. Es bestand nur aus der auf der Skrotalhaut sitzenden Borke, die übrigens auch schon an den Rändern etwas gelöst war. Spirochäten fanden sich nirgends. Die Hodenschwiele rechts war zwar verkleinert, aber doch noch deutlich als solche wahrnehmbar, auch der Punktionssaft war noch etwas fadenziehend, enthielt aber keine Spirochäten mehr, dagegen Kokken; die Drüse war vollkommen verschwunden. Am 1. September 1910 war bezüglich des Geschwürs derselbe Status zu erheben. Die Borke saß noch ziemlich fest, aber jede Induration war geschwunden. Die Hodenschwiele war jetzt weich geworden, mehr rundlich, beim Punktieren entleerte sich ein bräunlich-weißer, dünnflüssiger Eiter, der keine Spiro-

chäten enthält. Tier deutlich abgemagert; Allgemeinbefinden gut. Am
3. September 1910 wurde die Kruste entfernt und die Hodenschwiele, bzw.
der an ihrer Stelle vorhandene Abszeß entleert. Nirgends Spirochäten. Am
5. September 1910 hatte sich die Kruste neu gebildet, war aber nur ganz dünn.
Das Geschwür selbst war etwa nur noch $\frac{1}{3}$ so groß wie ursprünglich und ganz
flach. Am rechten Hodensack fand sich noch ein etwa erbsengroßes Knötchen,
das noch etwas Eiter enthielt. Spirochäten fanden sich nirgends. Am 10. September 1910 war an Stelle des Geschwürs nur noch eine kleine dünne Borke
vorhanden, die sich leicht abheben ließ. Am 20. September 1910: Hoden,
bzw. Skrotalhaut vollkommen normal; kleine weißliche sternförmige Narbe
(Fig. 2).

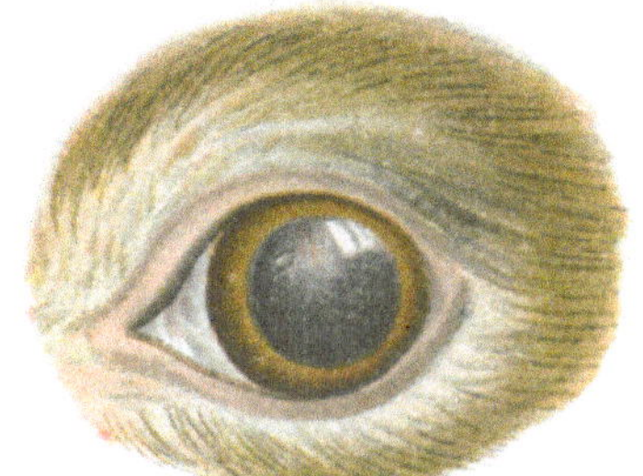

Fig. 1.

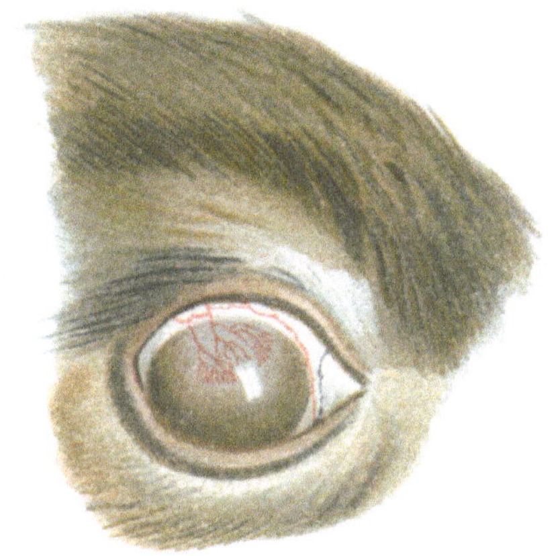

Fig. 2.

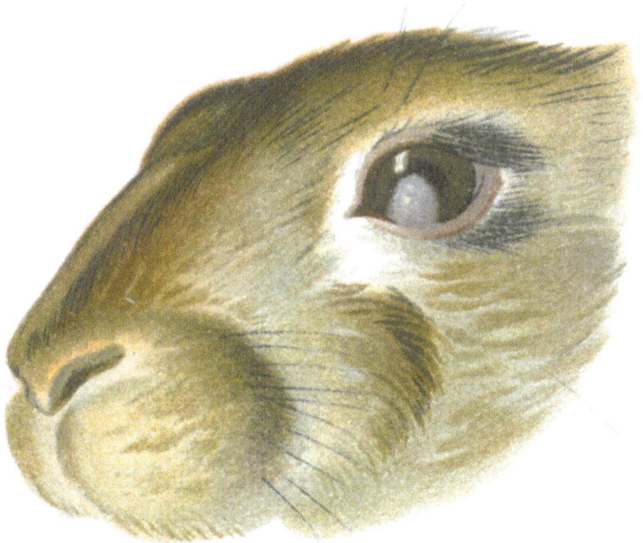

Fig. 3.

Verlag von Julius Springer in Berlin.

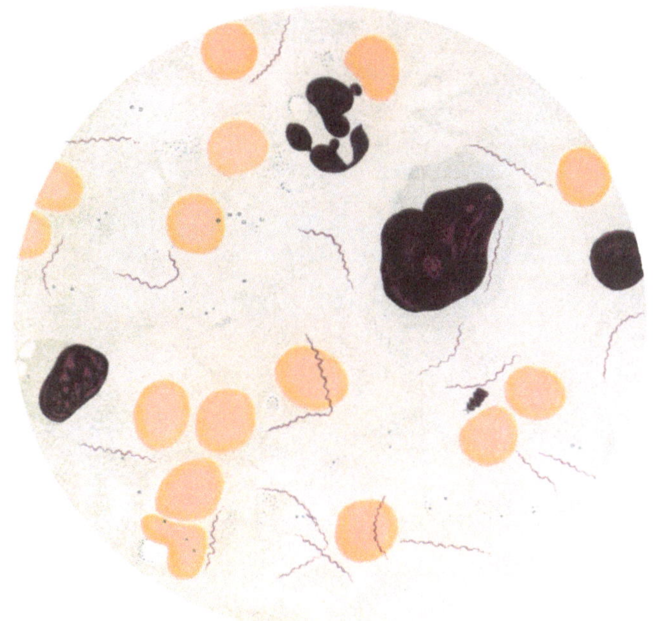

Fig. 1.

Fig. 2.

Verlag von Julius Springer in Berlin.

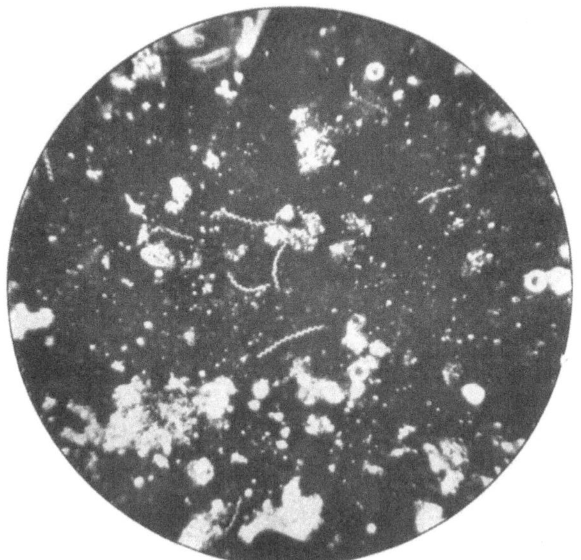

Fig. 1.

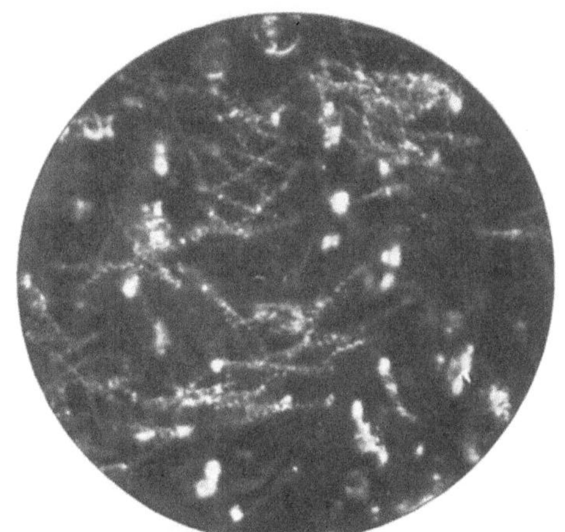

Fig. 2.

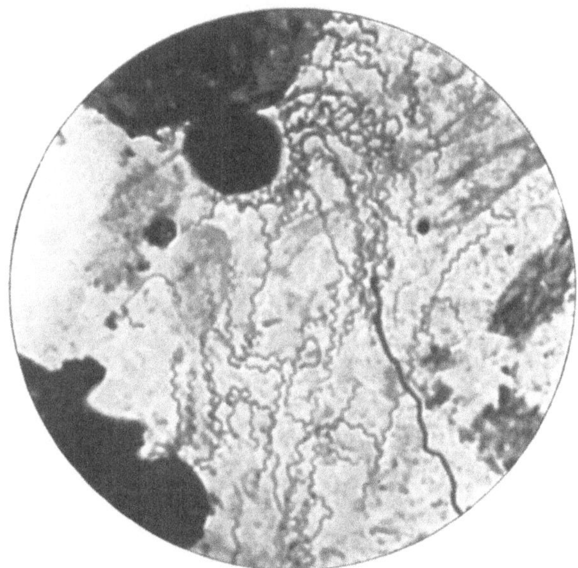

Fig. 3.

Verlag von Julius Springer in Berlin.

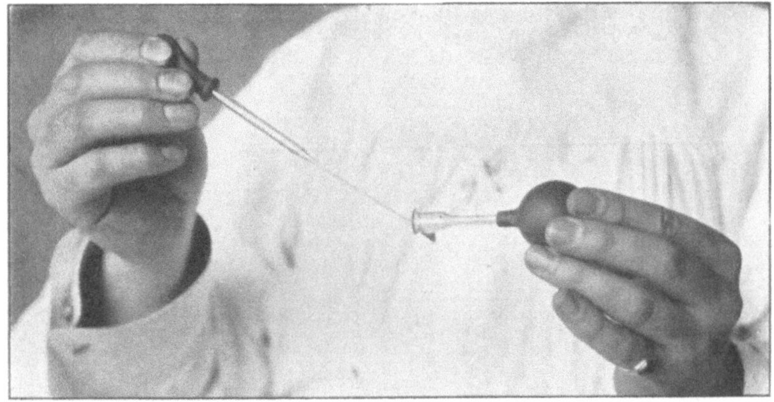

Fig. 1.

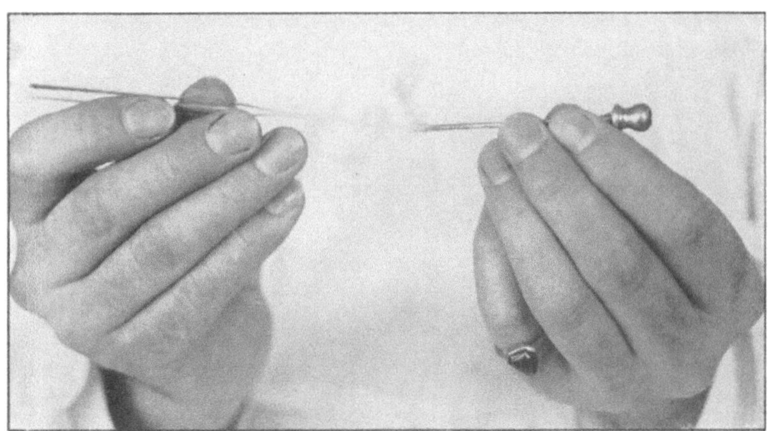

Fig. 2.

Verlag von Julius Springer in Berlin.

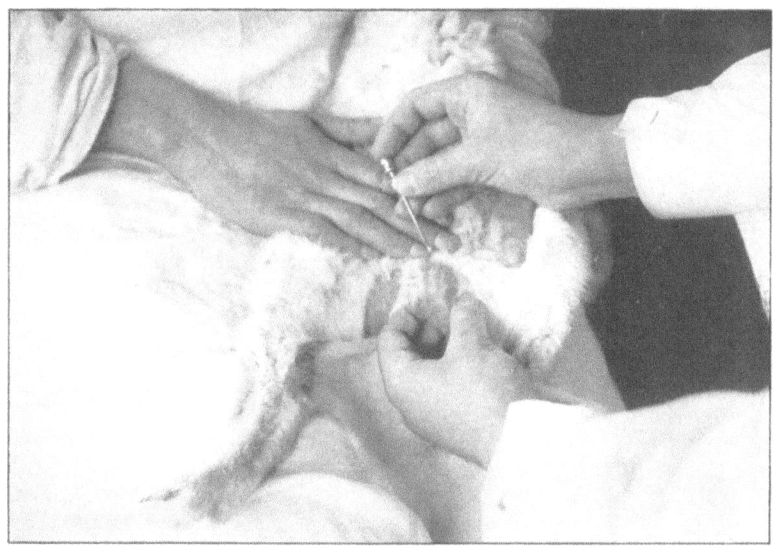

Fig. 3.

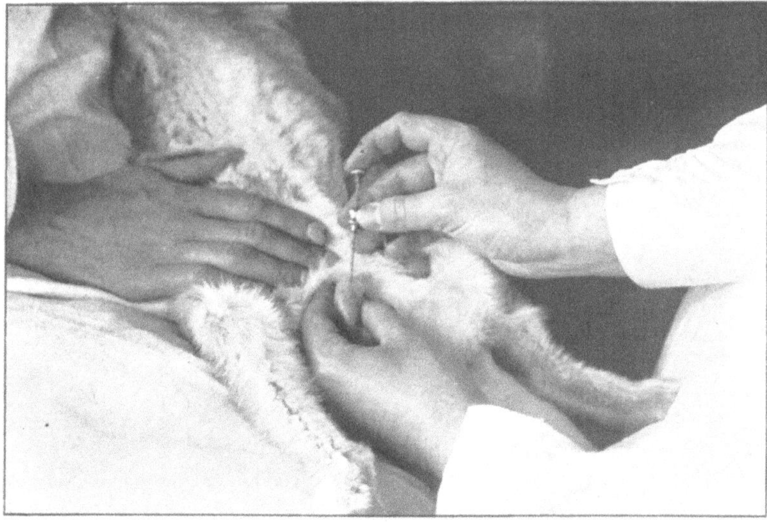

Fig. 4.

Verlag von Julius Springer in Berlin.

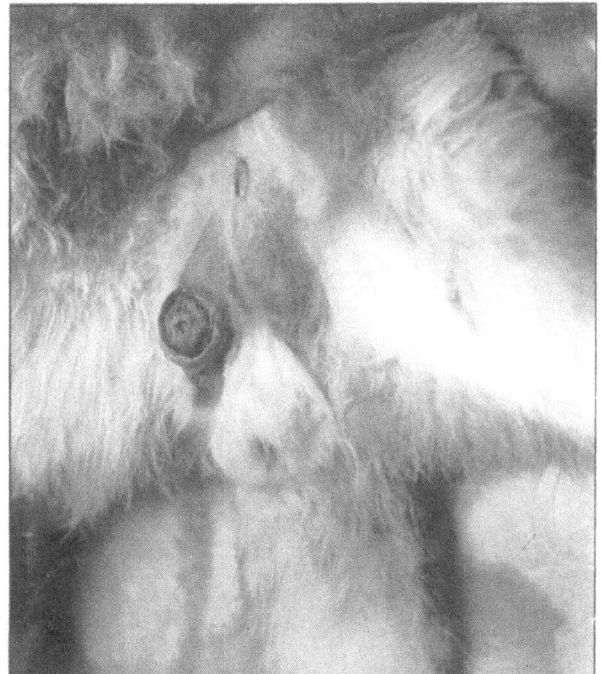

Fig. 1.

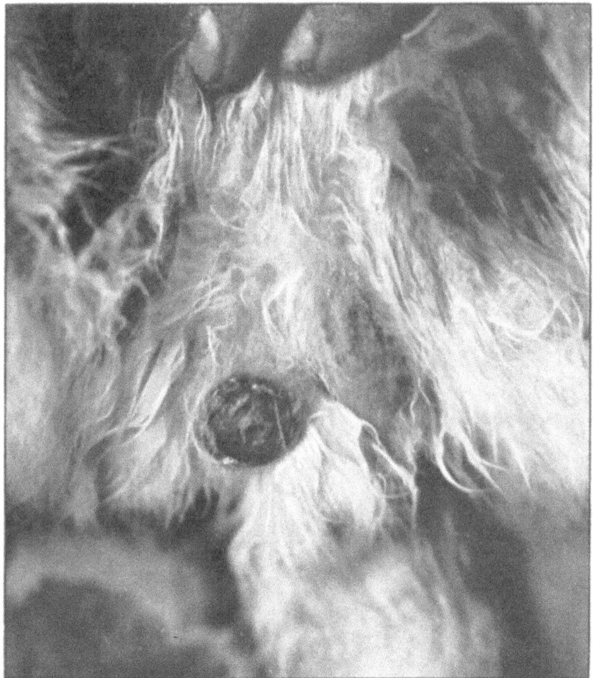

Fig. 2.

Verlag von Julius Springer in Berlin.

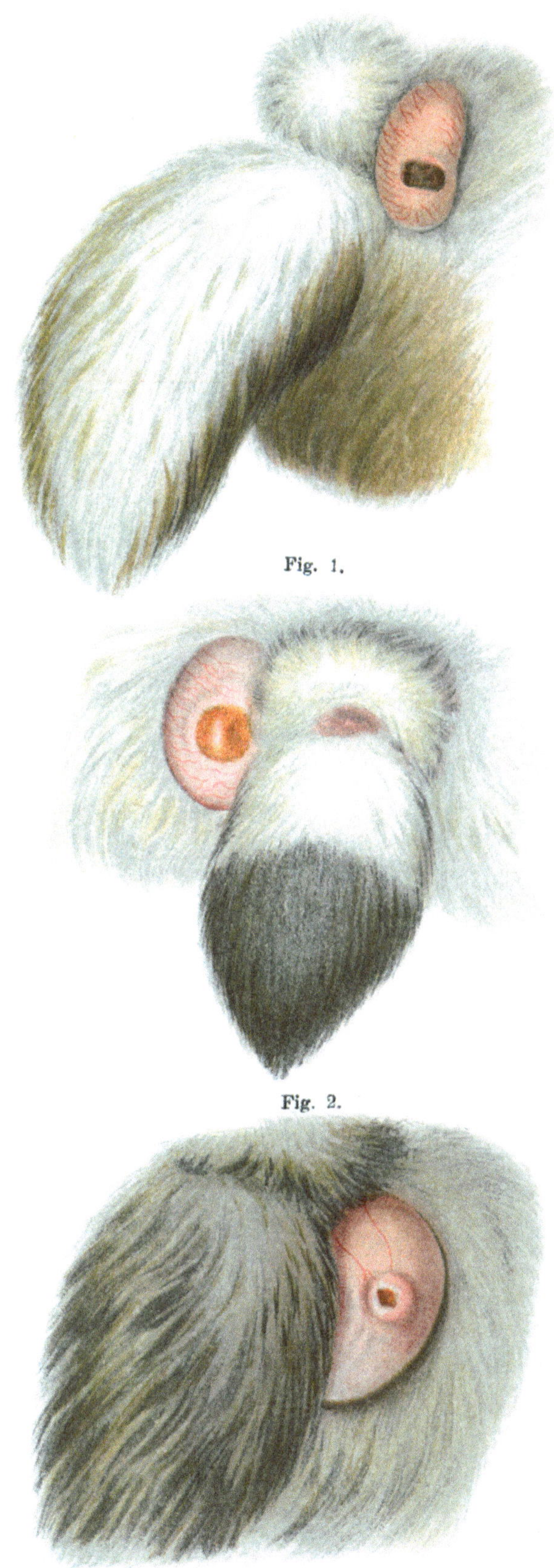

Fig. 1.

Fig. 2.

Fig. 3.

Verlag von Julius Springer in Berlin.

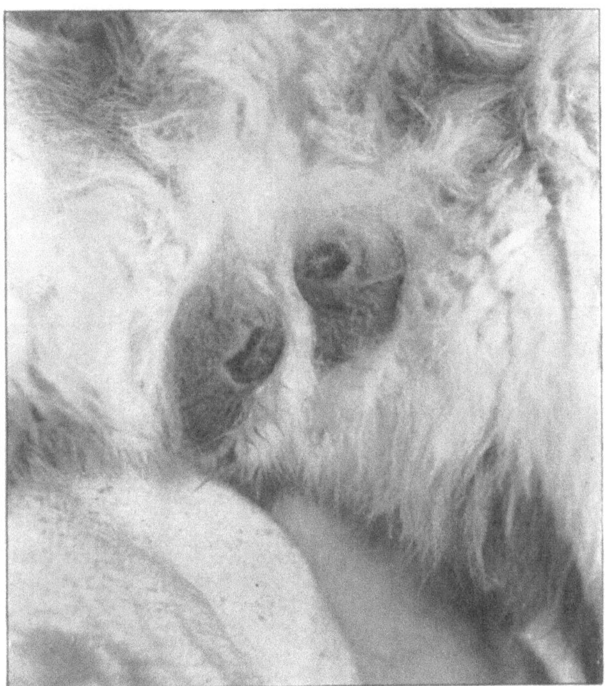

Fig. 1.

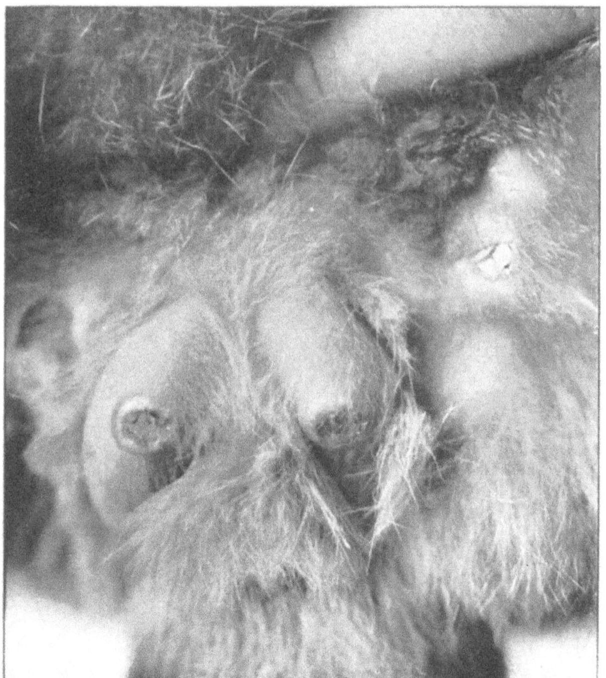

Fig. 2.

Verlag von Julius Springer in Berlin.

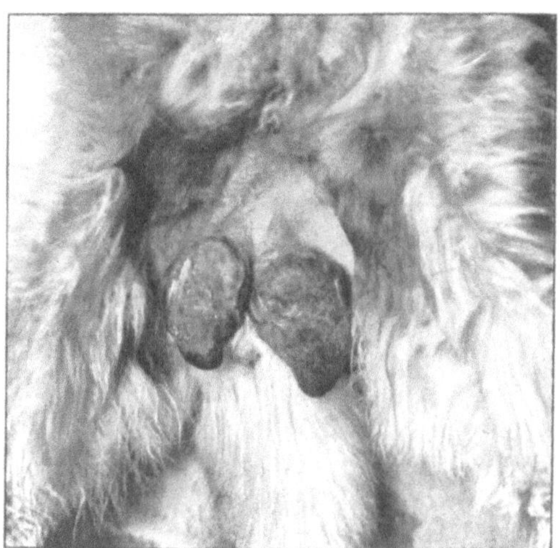

Fig. 1.

Fig. 2.

Verlag von Julius Springer in Berlin.

Fig. 1.

Fig. 2.

Verlag von Julius Springer in Berlin.

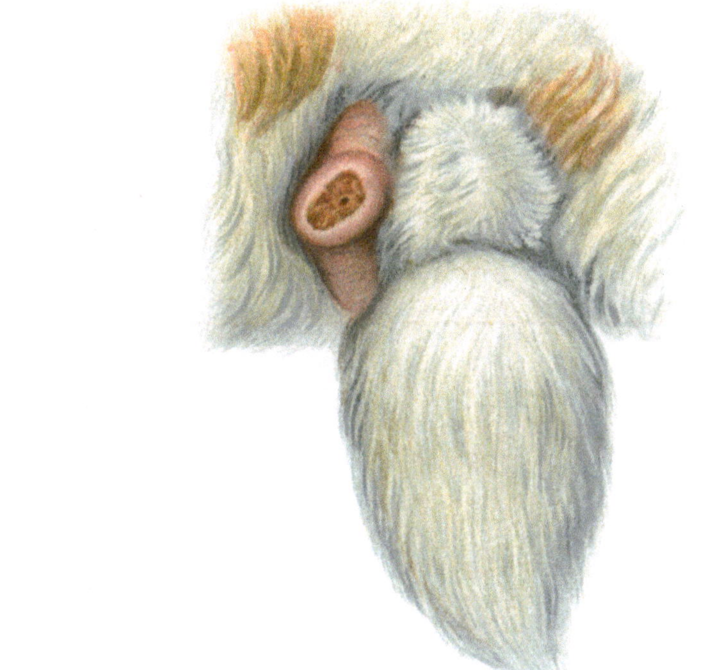

Fig. 1.

Fig. 2.

Verlag von Julius Springer in Berlin.

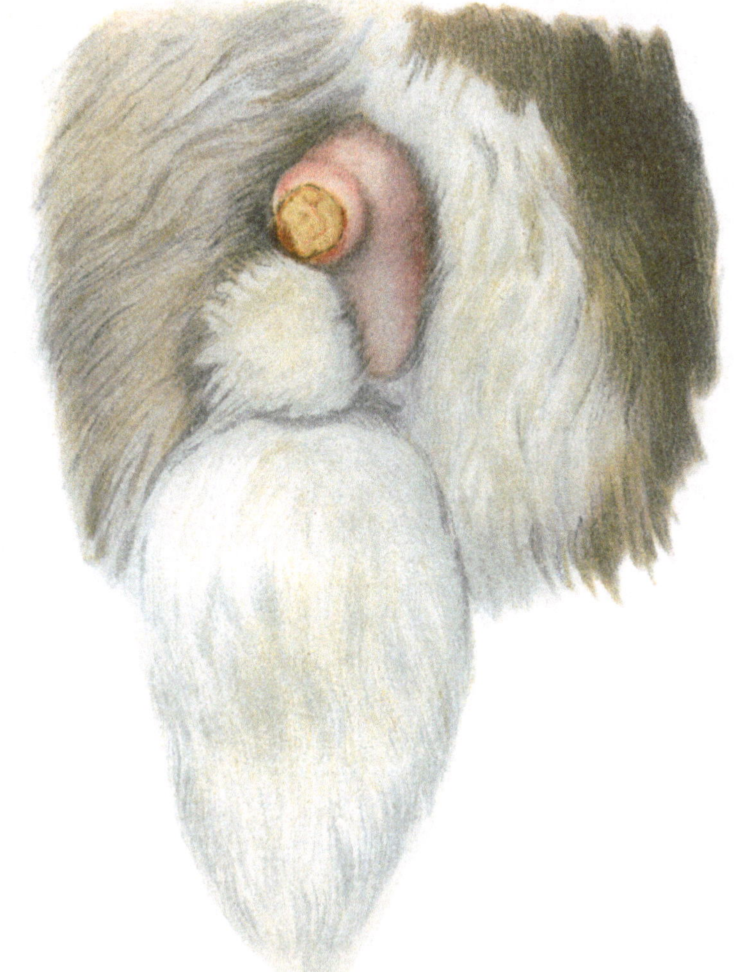

Fig. 1.

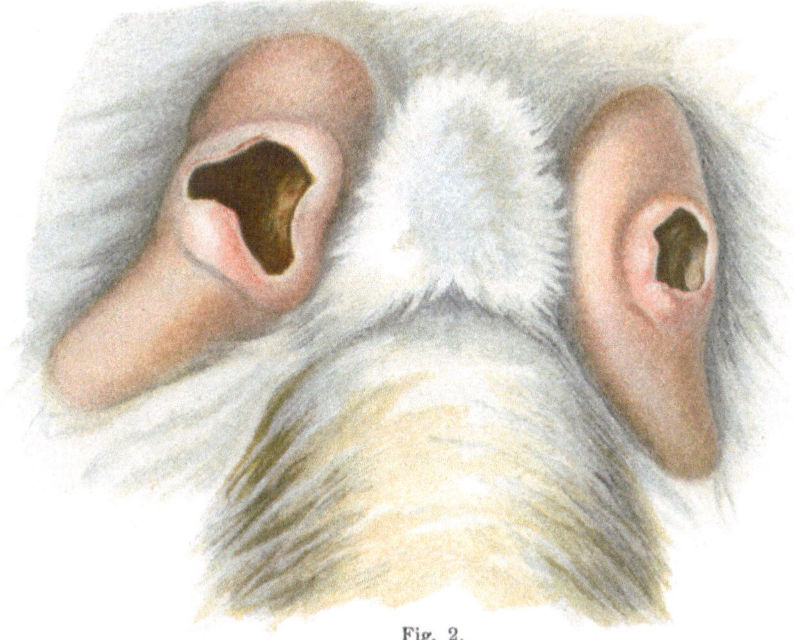

Fig. 2.

Verlag von Julius Springer in Berlin.

Fig. 1.

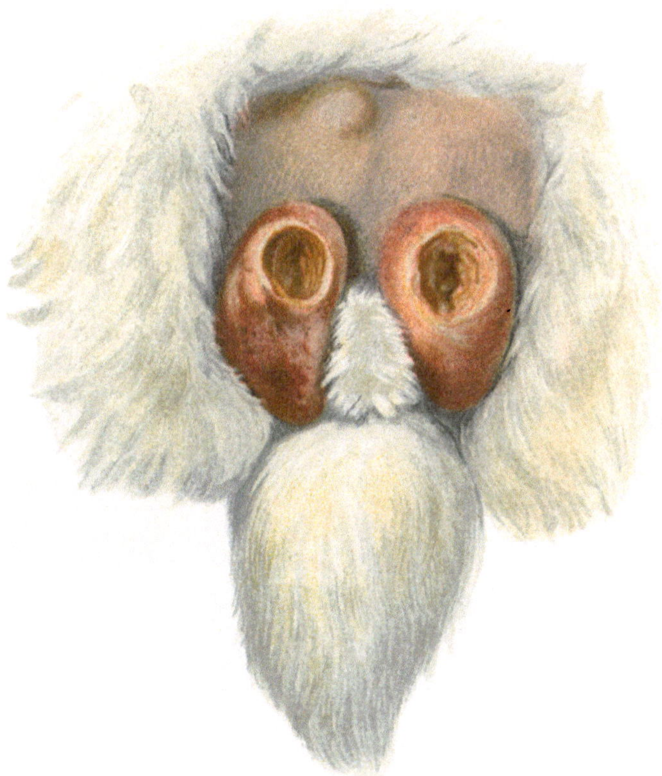

Fig. 2.

Verlag von Julius Springer in Berlin.

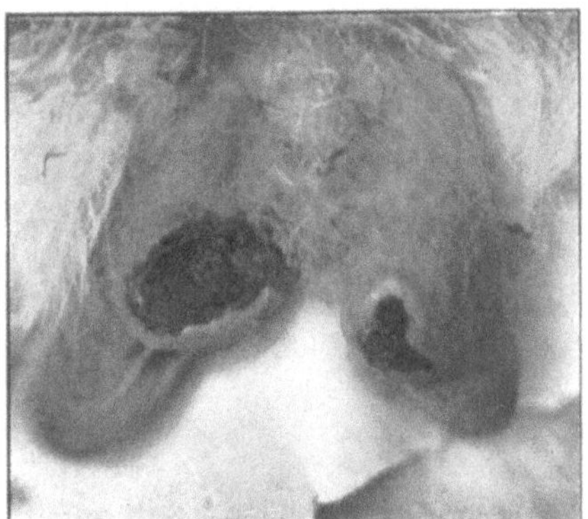

Fig. 1.

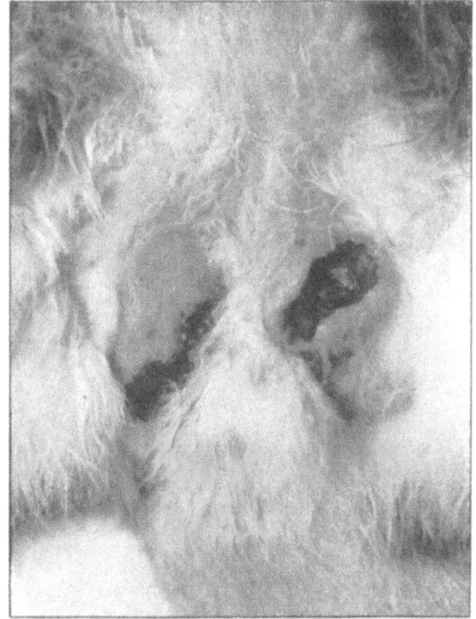

Fig. 2.

Verlag von Julius Springer in Berlin.

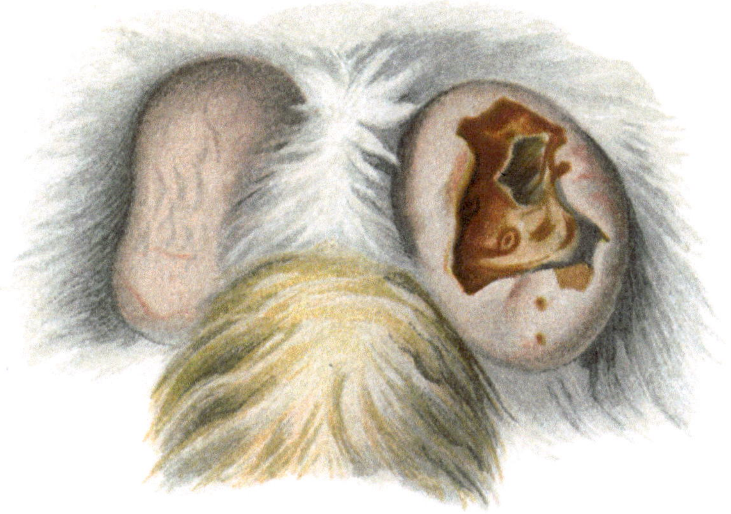

Fig. 1.

Fig. 2.

Verlag von Julius Springer in Berlin.

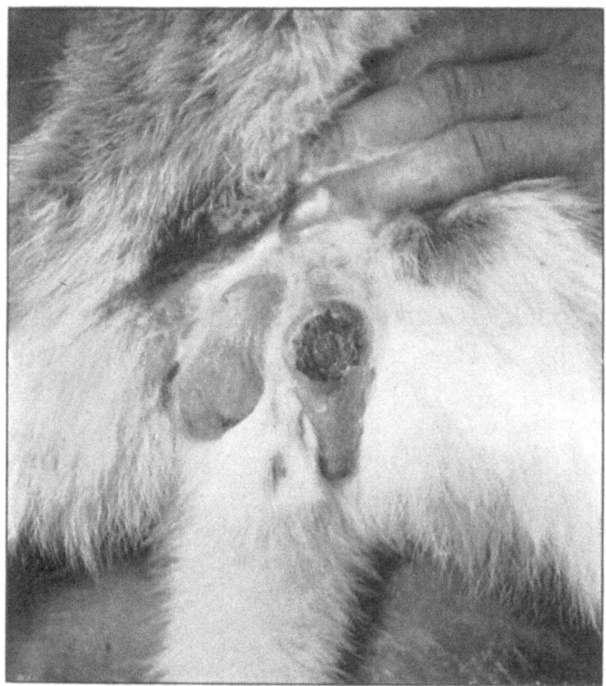

Fig. 1.

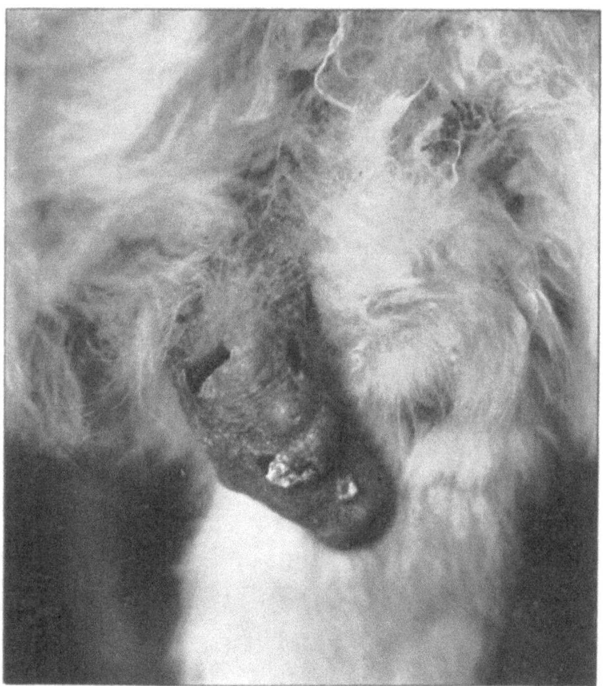

Fig. 2.

Verlag von Julius Springer in Berlin.

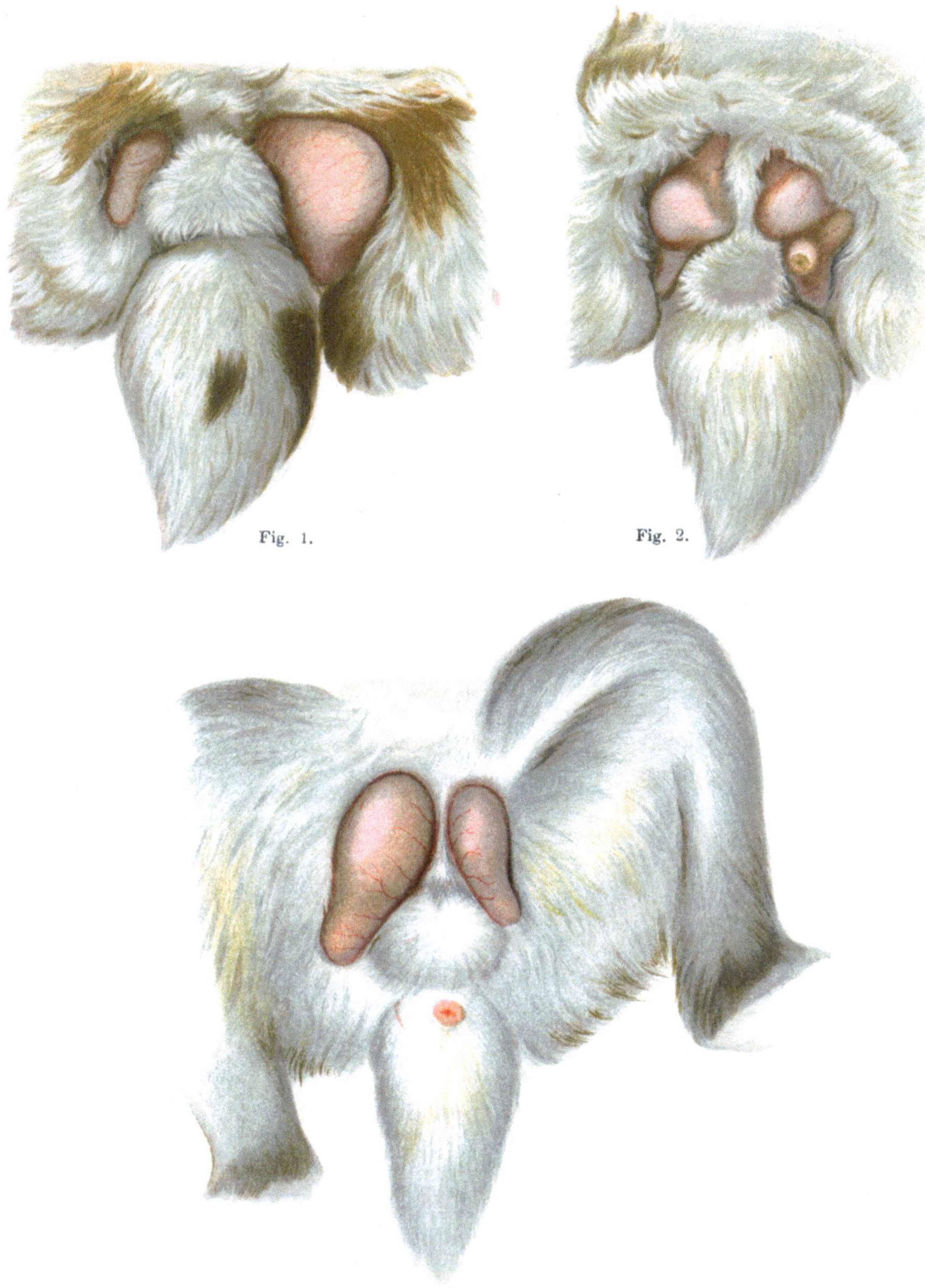

Fig. 1.

Fig. 2.

Fig. 3.

Verlag von Julius Springer in Berlin.

Fig. 1.

Fig. 2.

Verlag von Julius Springer in Berlin.

Fig. 1.

Fig. 2.

Verlag von Julius Springer in Berlin.

Fig. 1.

Fig. 3.

Fig. 2.

Fig. 4.

Verlag von Julius Springer in Berlin.

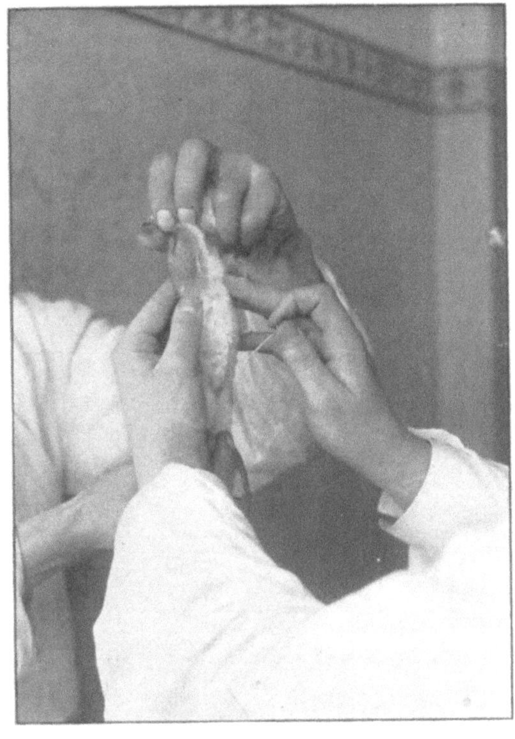

Fig. 1.

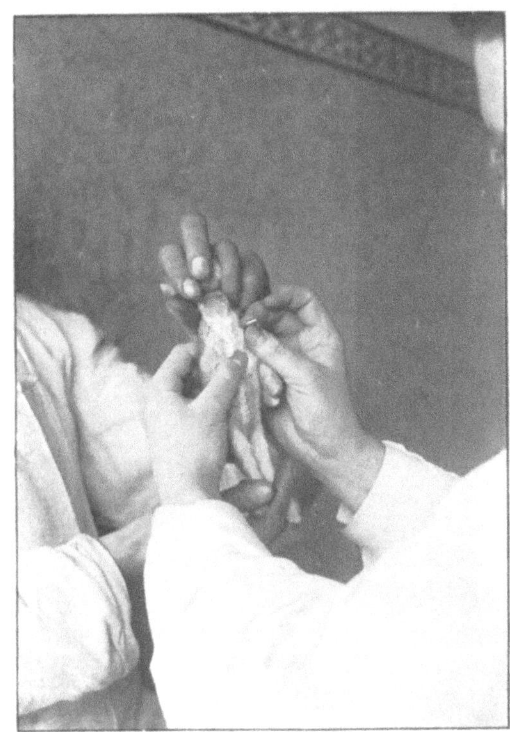

Fig. 2.

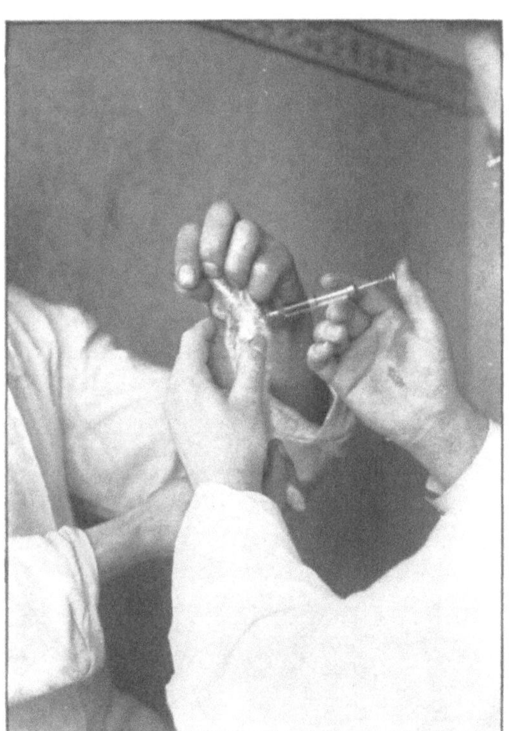

Fig. 3.

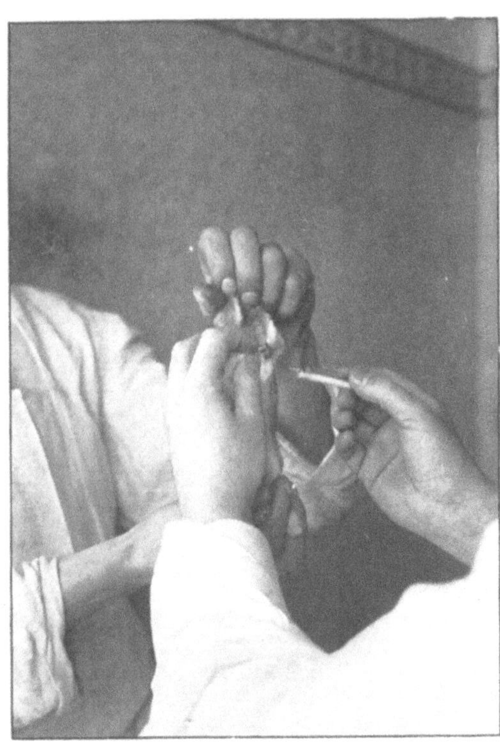

Fig. 4.

Verlag von Julius Springer in Berlin.

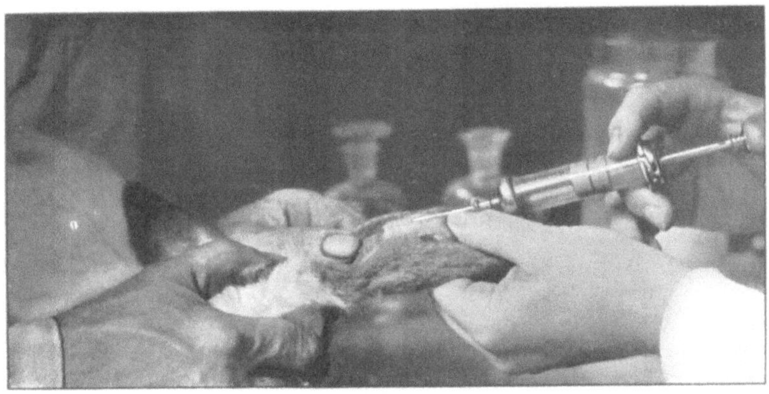

Fig. 1.

Fig. 2.

Fig. 3.

Verlag von Julius Springer in Berlin.

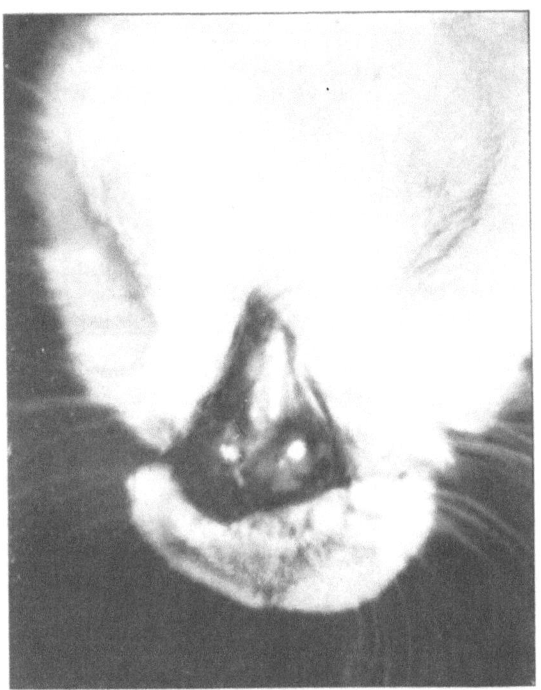

Fig. 1.

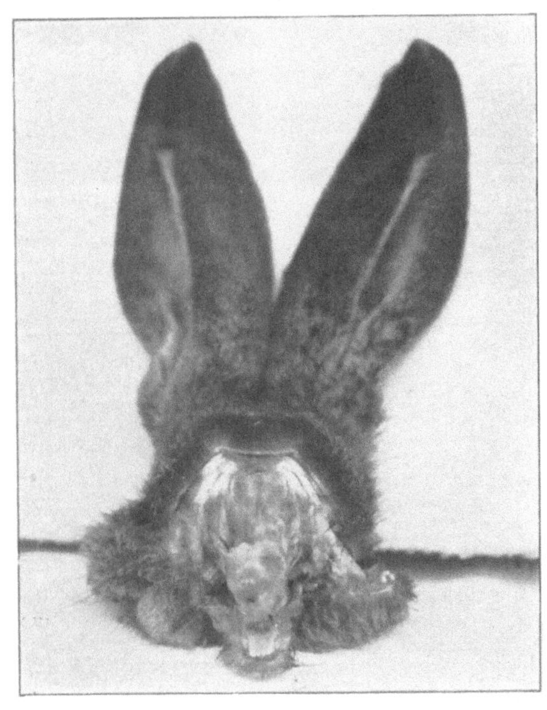

Fig. 2.

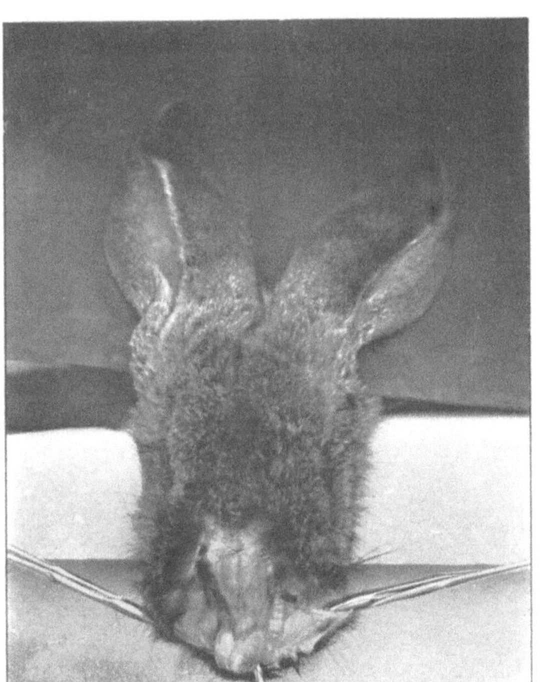

Fig. 3.

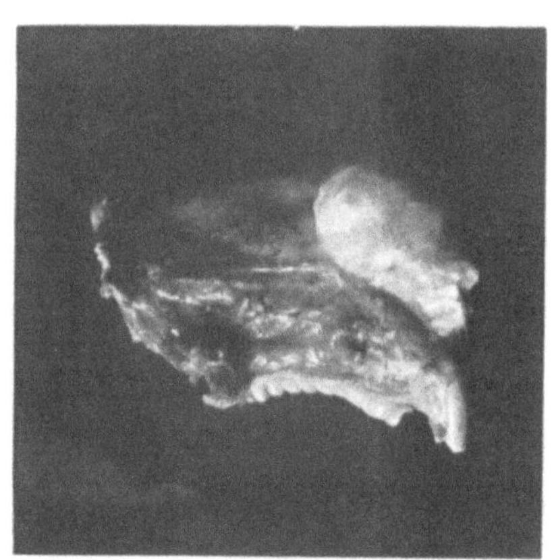

Fig. 4.

Verlag von Julius Springer in Berlin.

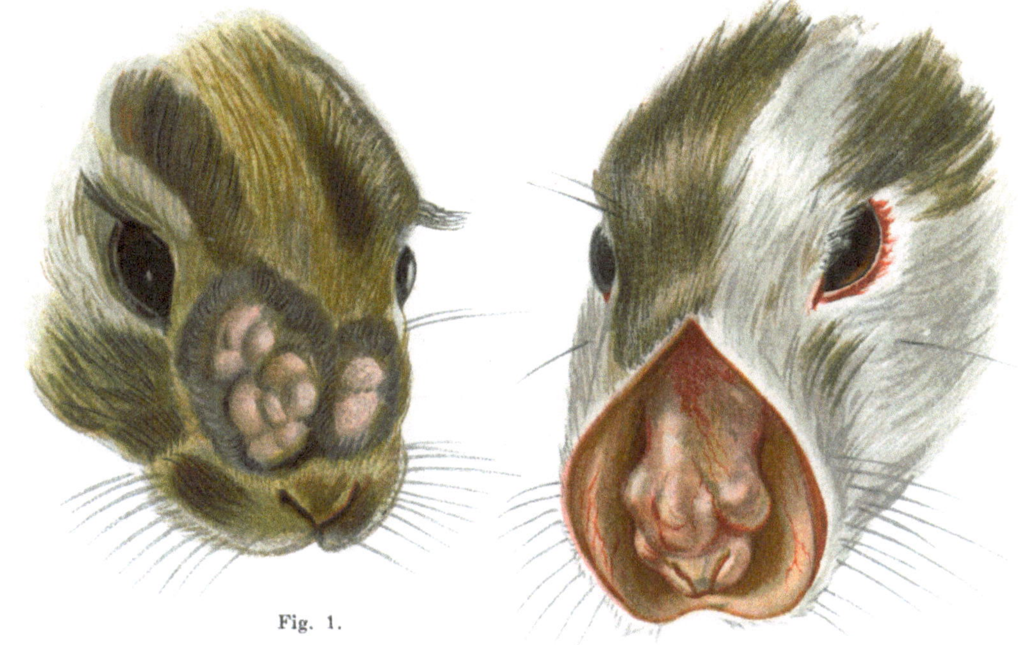

Fig. 1.

Fig. 2.

Fig. 3.

Fig. 4.

Verlag von Julius Springer in Berlin.

Fig, 1.

Fig. 2.

Verlag von Julius Springer in Berlin.

Fig. 1.

Fig. 2.

Verlag von Julius Springer in Berlin.

Fig. 1.

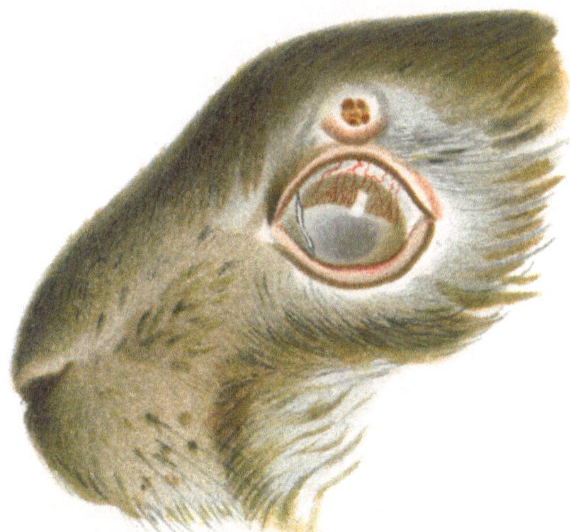

Fig. 2.

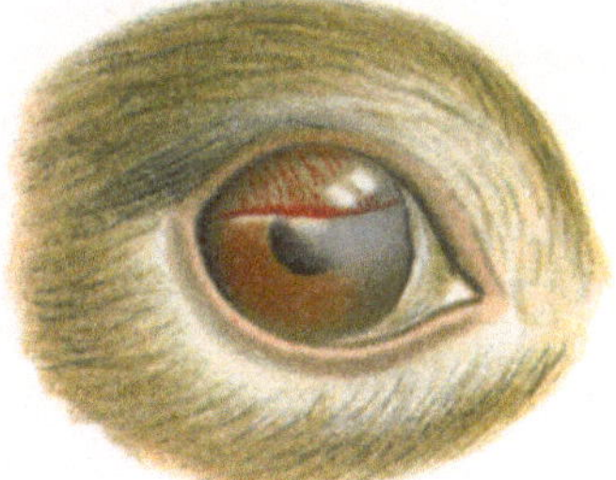

Fig. 3.

Verlag von Julius Springer in Berlin.

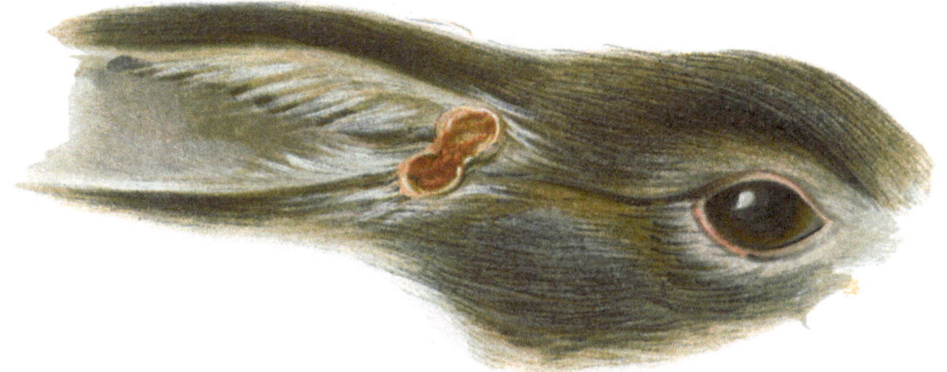

Fig. 1.

Fig. 2.

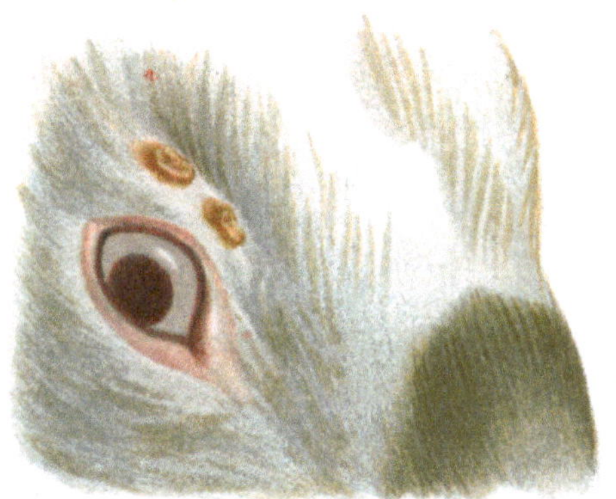

Fig. 3.

Verlag von Julius Springer in Berlin.

Fig. 1.

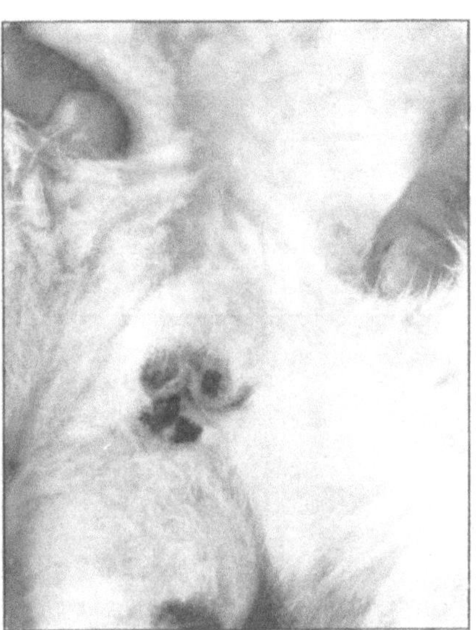

Fig. 2.

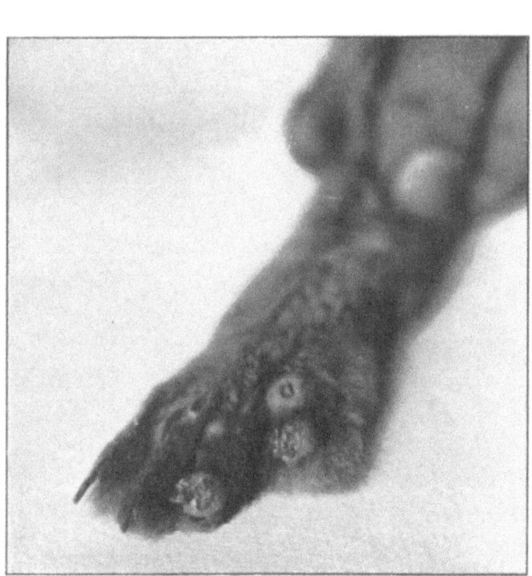

Fig. 3.

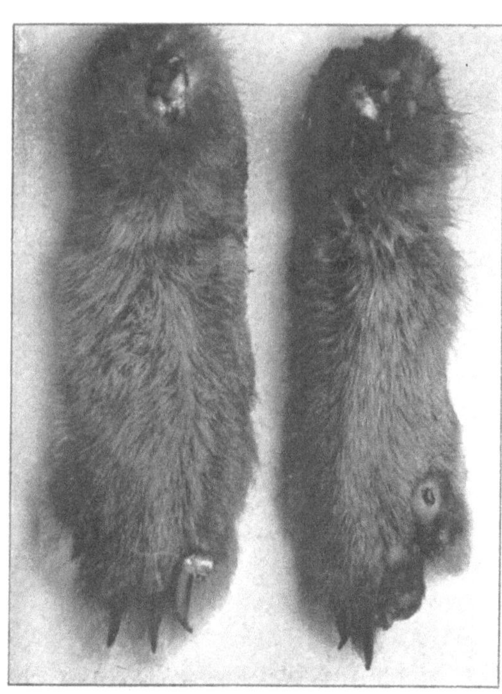

Fig. 4.

Verlag von Julius Springer in Berlin.

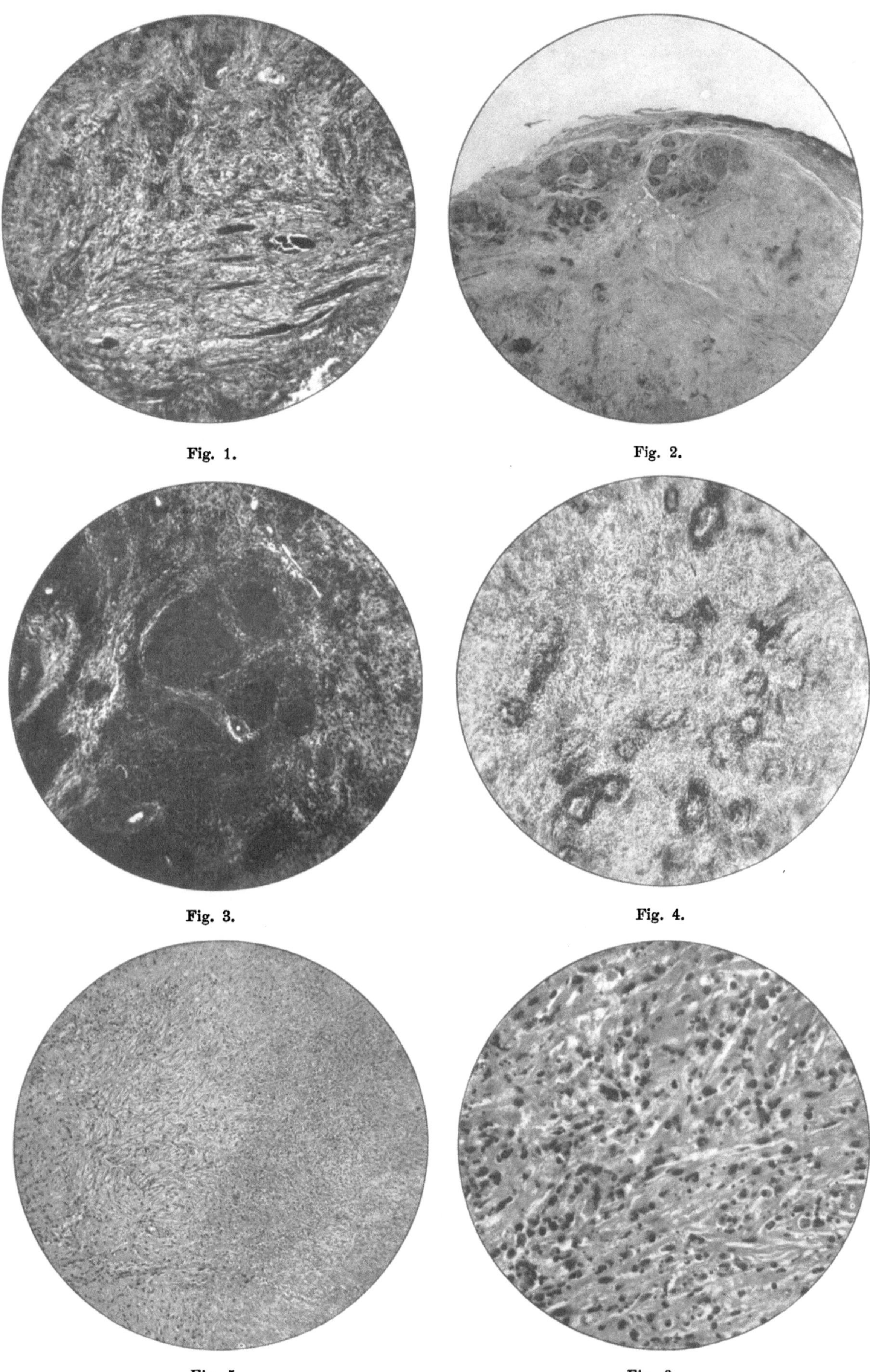

Fig. 1.

Fig. 2.

Fig. 3.

Fig. 4.

Fig. 5.

Fig. 6.

Verlag von Julius Springer in Berlin.

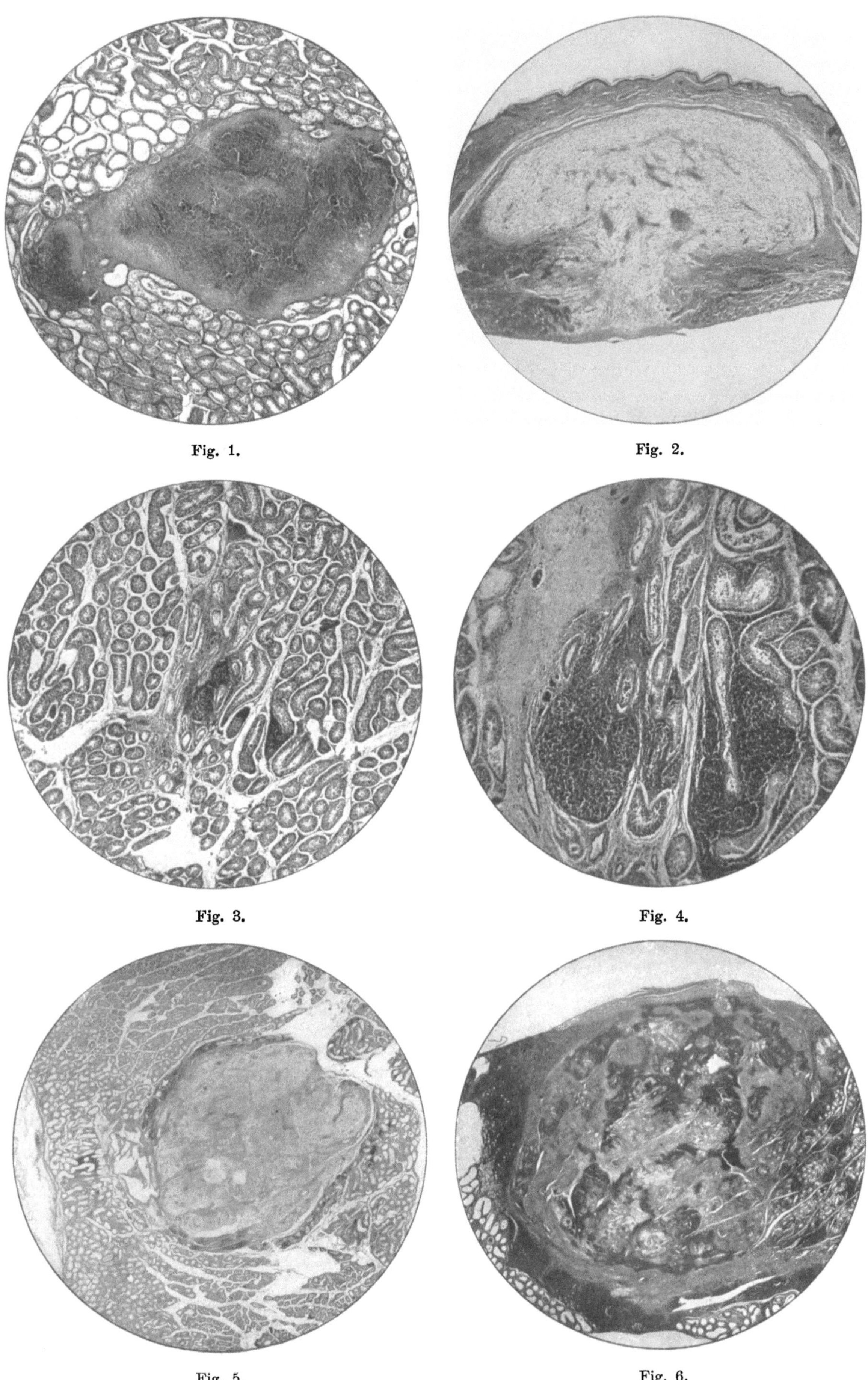

Fig. 1.

Fig. 2.

Fig. 3.

Fig. 4.

Fig. 5.

Fig. 6.

Verlag von Julius Springer in Berlin.

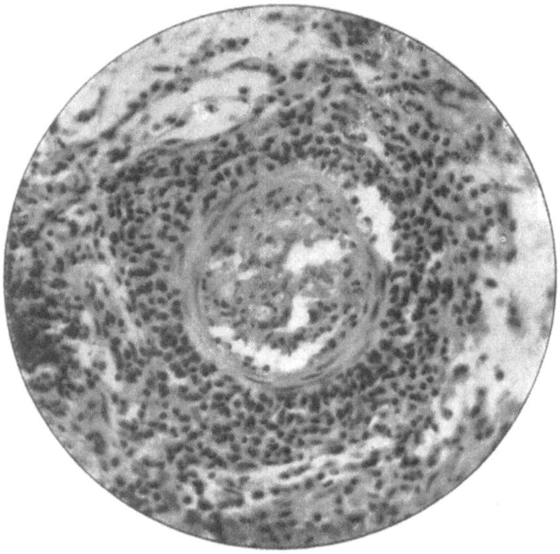

Fig. 1.

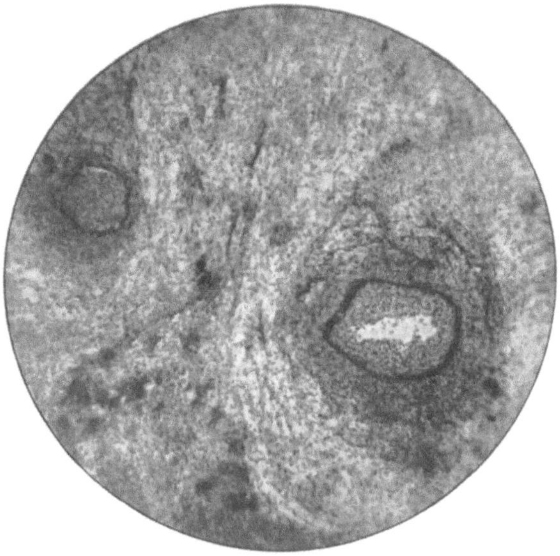

Fig. 2.

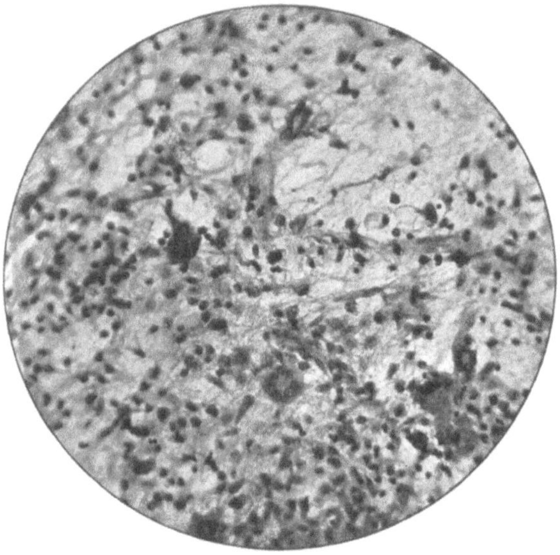

Fig. 3.

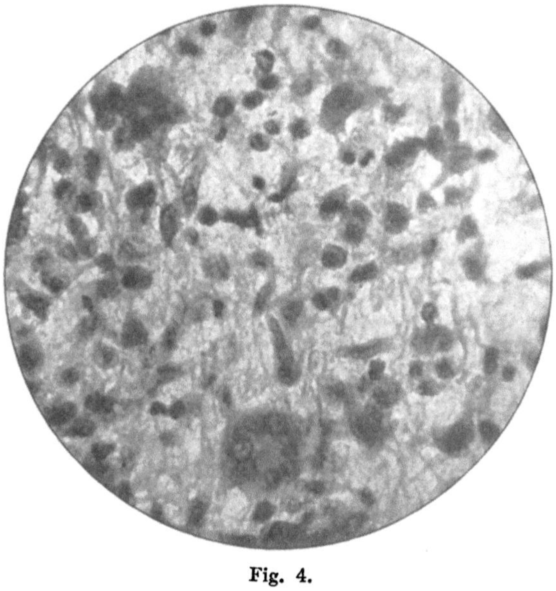

Fig. 4.

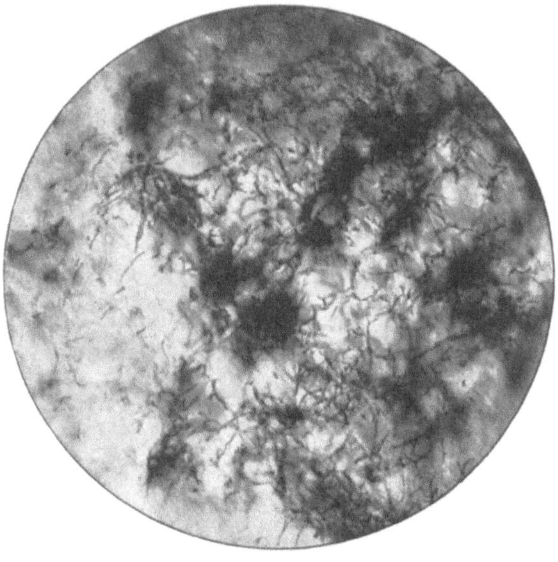

Fig. 5.

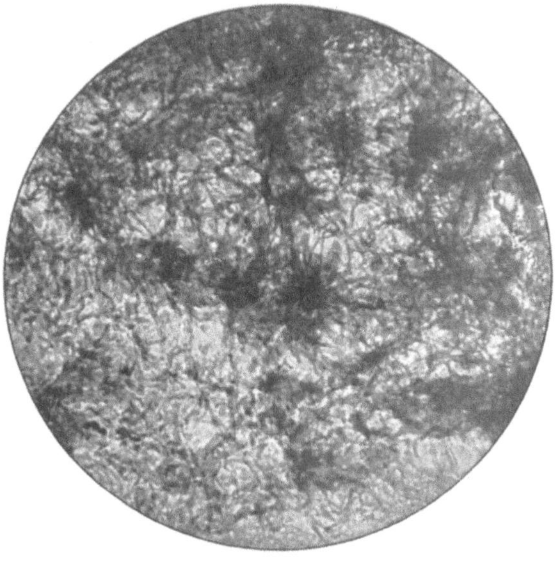

Fig. 6.

Verlag von Julius Springer in Berlin.

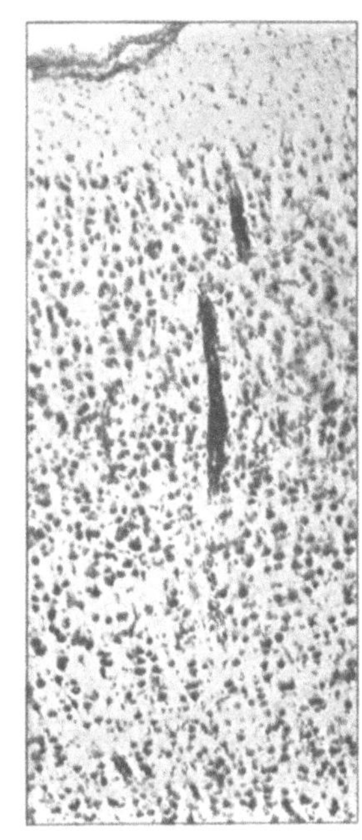

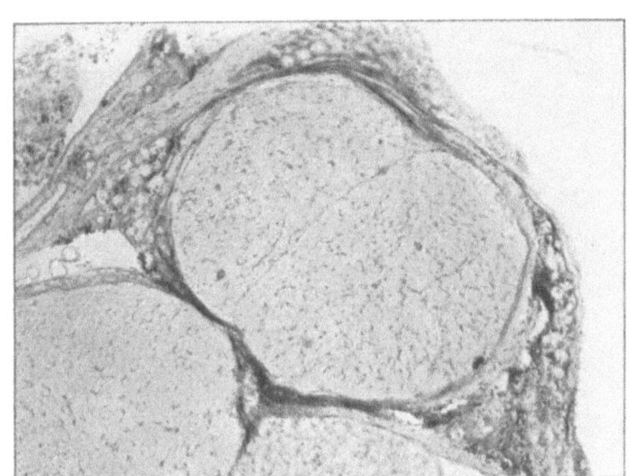

Fig. 1.

Fig. 2.

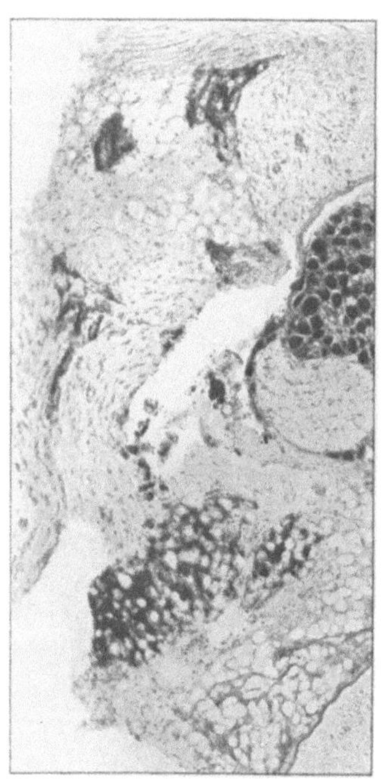

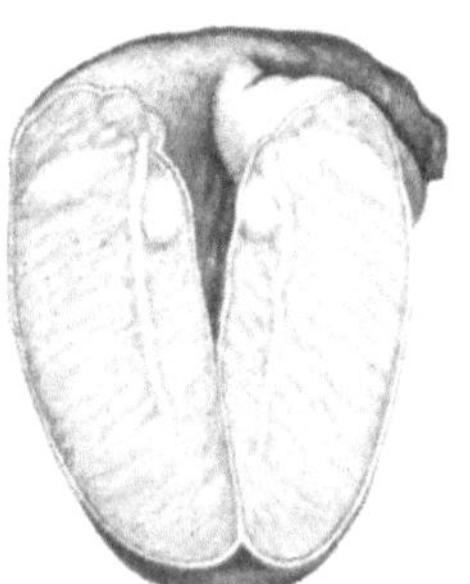

Fig. 3.

Fig. 4.

Verlag von Julius Springer in Berlin.

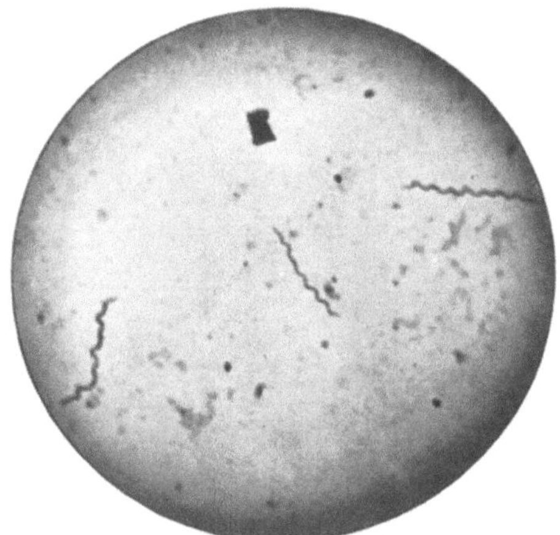

Fig. 1.

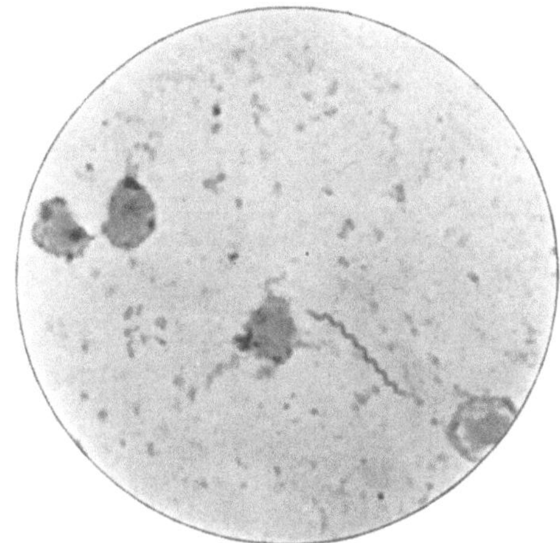

Fig. 2.

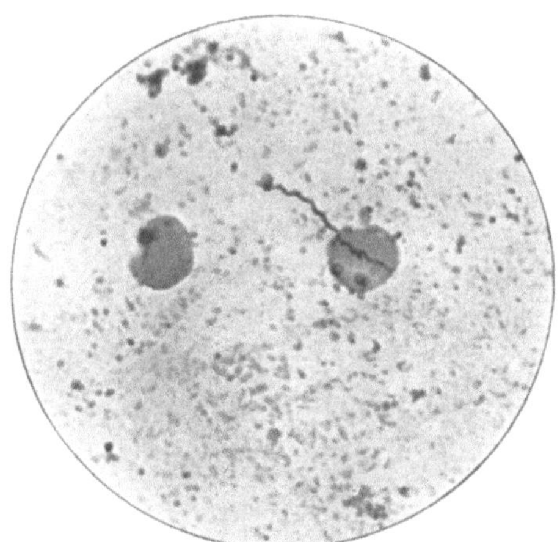

Fig. 3.

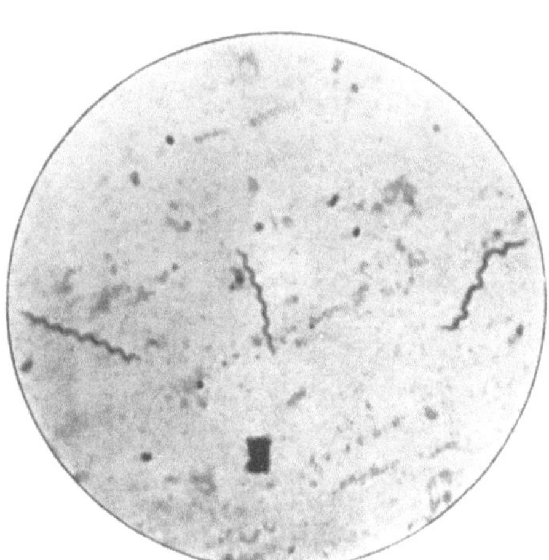

Fig. 4.

Verlag von Julius Springer in Berlin.

Fig. 1.

Fig. 2.

Verlag von Julius Springer in Berlin.

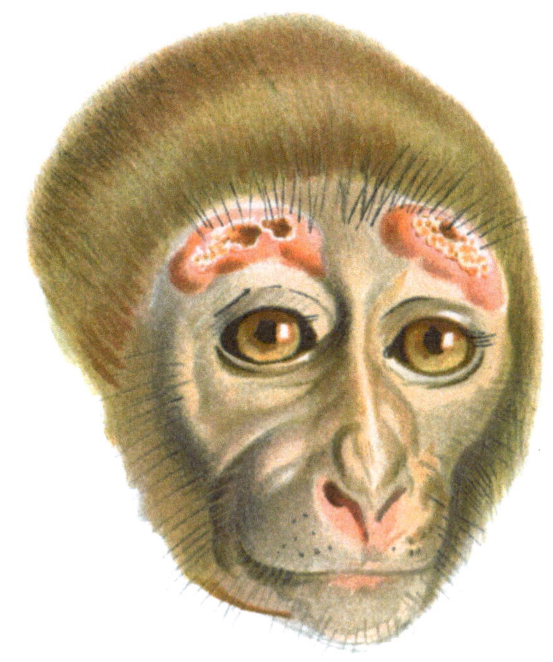

Fig. 1.

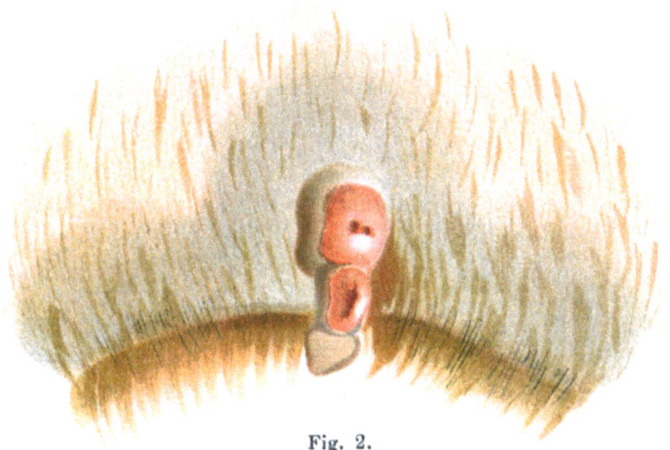

Fig. 2.

Verlag von Julius Springer in Berlin.

Fig. 1.

Fig. 2.

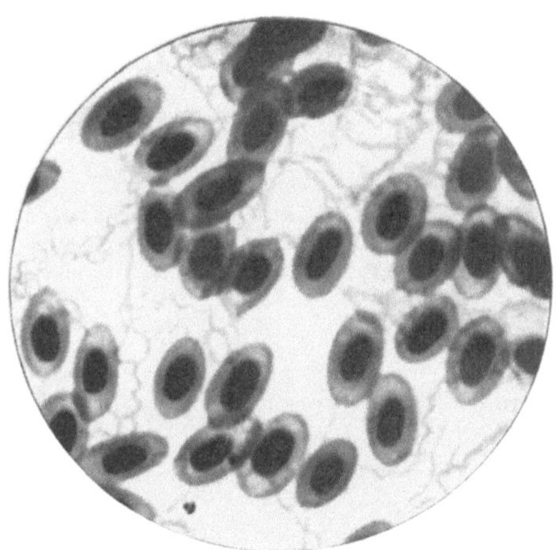

Fig. 3.

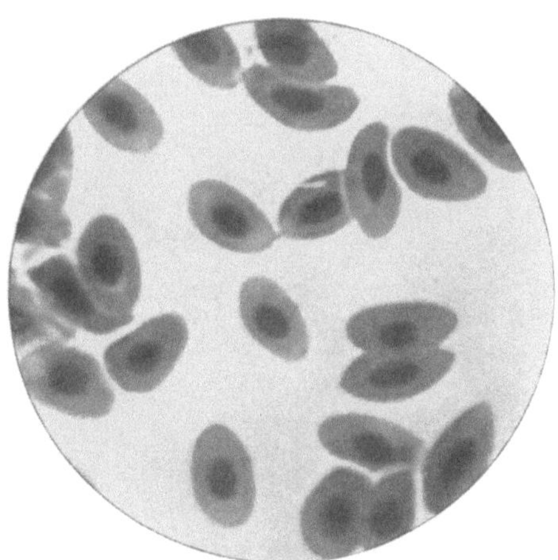

Fig. 4.

Verlag von Julius Springer in Berlin.

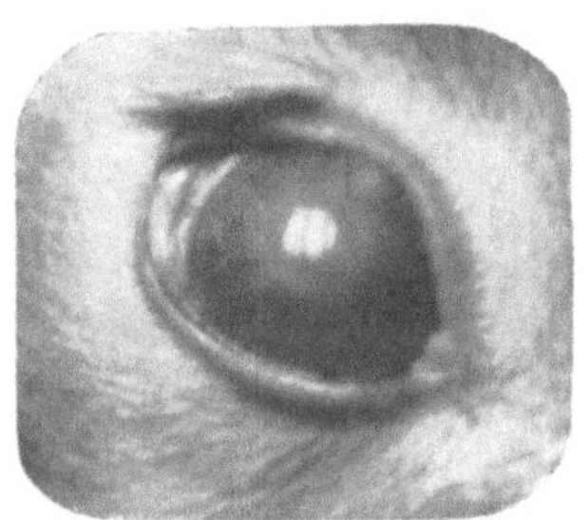

Fig. 1.

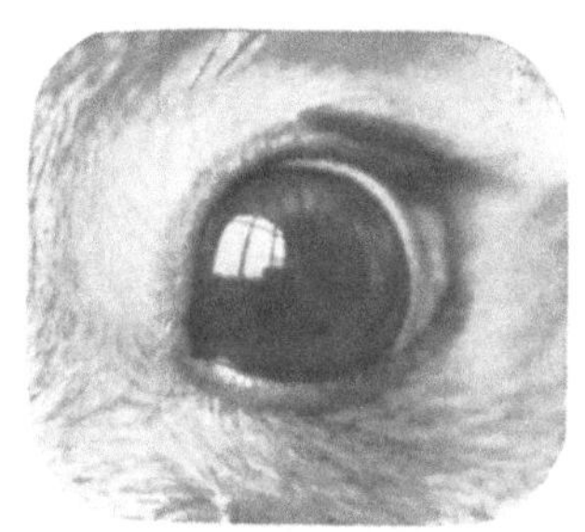

Fig. 2.

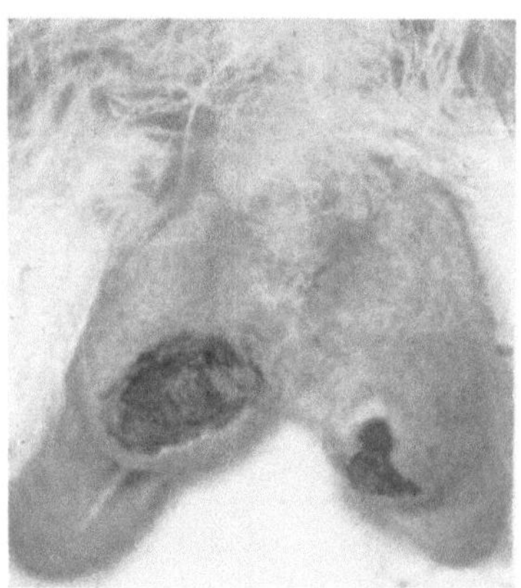

Fig. 3.

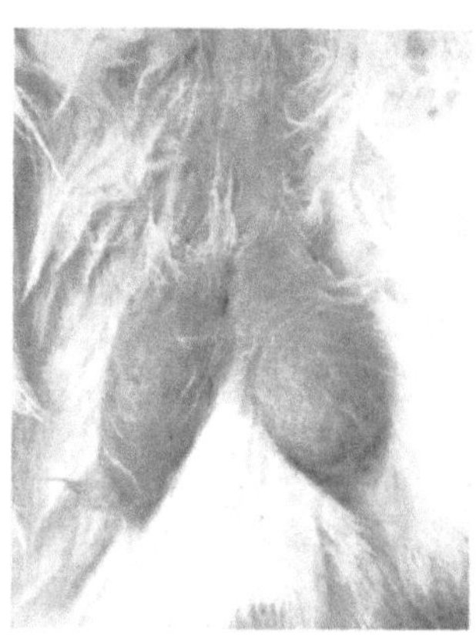

Fig. 4.

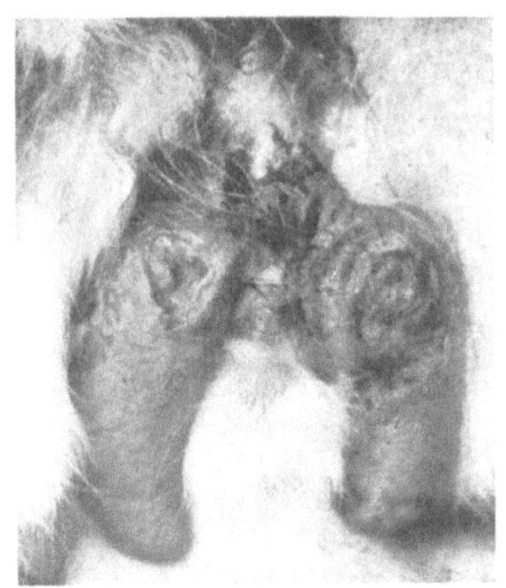

Fig. 5.

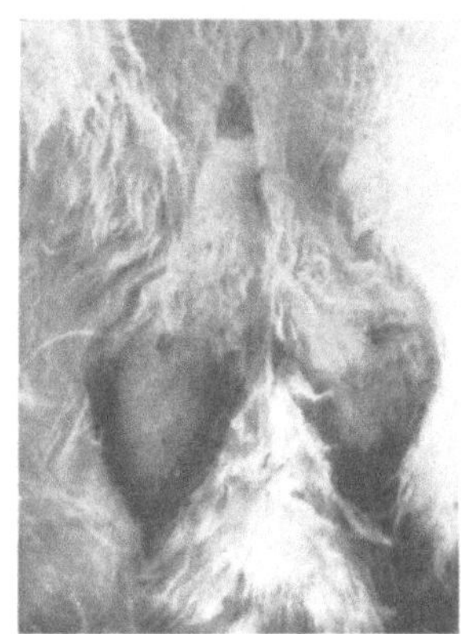

Fig. 6.

Verlag von Julius Springer in Berlin.

Fig. 1.

Fig. 2.

Verlag von Julius Springer in Berlin.

Fig. 1.

Fig. 2.

Verlag von Julius Springer in Berlin.